Bibliographic information published by the German National Library:

The German National Library lists this publication in the National Bibliography; detailed bibliographic data are available on the Internet at http://dnb.dnb.de .

Imprint:

Print and binding: Books on Demand GmbH, Norderstedt Germany
ISBN: 9783668874916

This book at GRIN:

https://www.grin.com/document/453069

Oleg Gradov

Spidometricheskie, Tahometricheskie I Gercmetricheskie Hronaksimetry I Tetanometry S Analogovym Reotomom Dlja Jeksperimental''nyh Biomedicinskih Praktikumov

GRIN Verlag

СПИДОМЕТРИЧЕСКИЕ, ТАХОМЕТРИЧЕСКИЕ И ГЕРЦМЕТРИЧЕСКИЕ ХРОНАКСИМЕТРЫ И ТЕТАНОМЕТРЫ С АНАЛОГОВЫМ РЕОТОМОМ ДЛЯ ЭКСПЕРИМЕНТАЛЬНЫХ БИОМЕДИЦИНСКИХ ПРАКТИКУМОВ

Градов О.В.

научный консультант, куратор практикума при ИХФ РАН / ИНЭПХФ РАН

В настоящей работе предлагается и описывается создание нового типа хронаксиметрии, в котором стандартные измерения хронаксии и реобазы дополнены: пересчетной спидометрией, индицирующей скорость распространения возбуждения по волокну; пересчетной герцметрией (измерением частоты / мм$^{-1}$) или тахометрией, индицирующими пространственно-временную регулярность явлений. Продвинутая относительно предшествующих аналогов системотехника позволяет также осуществлять компаративный анализ и индицирование изохронизма, так как в конструкцию прибора введен вычислительный блок с функционалом вычисления процентного отношения двух сигналов, вычисления долей в формате 1/X (где за единицу принимается один сигнал, а за X соотносимый с ним второй), а также взятия корня (для вычисления показателей вариабельности, отнесенных к корню из времени, математически идентичных волатильности). В интерфейсе данного прибора также предусмотрено замещение функций устаревшей техники для установления воздействия силы постоянного тока на раздражимость двигательных нервов – тетанометра Гейденгайна, давно не использующегося в биомедицинской практике. Прототип прибора выполнен на доступной лоукостной элементной базе, в связи с чем воспроизведение такого прибора (DIY) является возможным для всех, обладающих подобной потребностью. В связи с этим данный прибор может быть рекомендован для экспериментальных биологических (в частности – фармакобиологических) и биомедицинских исследований и практик в ВУЗах.

SPEEDOMETRIC, TACHOMETRIC & HZ-METRIC CHROMAXIMETERS & TETANOMETERS WITH IMBEDDED ANALOG SIGNAL RHEOTOMS FOR EXPERIMENTAL BIOMEDICAL PRACTICAL WORKS AND WORKSHOPS

Gradov O.V.

scientific advisor and curator of student practice (tutor) in ICP RAS / INEPCP RAS; member of the American Physical Society – For. of History of Physics.

This paper describes a novel type of chronaximetry where the conventional measurements of chronaxy and rheobasis are supplemented by the scaled speedometry indicating the excitation propagation speed along the fiber; scaled frequency measurements using hertzmeter (or mm^{-1}) or tachometry indicating the spatial and temporal regularity of the phenomena. The advanced technology compared to the previous implementations allows to perform comparative analysis and isochronism indication due to the embedded computing unit calculating the percentage ratio between two signals, the 1/X ratio where the first signal is taken as a unit and the corresponding second signal is taken as X, and the square root for the variability index calculation, related to the square root of time, mathematically identical to the volatility. The interface of the above instrument also includes the substitution of the obsolete equipment for the determination of the influence of the DC current on the irritability of the motor nerves – the Heidenhain's tetanometer, which has not been used in biomedical practice for a long time. The device prototype has been made using the low-cost element base, hence the construction of a similar DIY device is widely available for anyone who is interested in it. In this connection such a device can be strongly recommended for biological and pharmacobiological experiments, biomedical research and the student's practice.

Keywords: chronaxie, rheobasis, mm^{-1}, chronaximetry, speedometry, isochronism, hertzmeter, tetanometer, rheotom, tachometer, wavenumber, electrophysiology studies.

Ключевые слова: хронаксия, реобаза, градиент, хронаксиметрия, спидометр, изохронизм, герцметр, частотомер, тетанометр, реотом, тахометр, волновое число, электрофизиологические изменения.

ВВЕДЕНИЕ

Общеизвестно, что для измерения двигательной хронаксии и реобазы мышц, сенсорной хронаксии / чувствительной хронаксии нервных волокон, вестибулярного аппарата, сетчатки (под действием вспышек света) ранее, до появления прецизионных электрофизиологических устройств, использовались относительно функционально-простые приборы – хронаксиметры. В первых версиях хронаксиметра, разработанных автором понятия «хронаксия» Л. Лапиком, функцию задатчика времени выполнял механически опускавшийся груз – отвес. Отмеривание временных величин осуществлялось фактически механическим путем, при этом минимальная величина времени задаваемых импульсов доходила до 0.1 миллисекунды. Так регулировалось время эффекта хронаксического переключения (т.н. «chronaxic switching» в терминологии Л.Э. Лапика [1]).

В простейшем варианте конденсаторный хронаксиметр Лапика, применявшийся позже в экспериментальной практике и в ветеринарных / медицинских высших учебных заведениях, в установках для анализа интенсивности и длительности раздражения, требовал использования пистолета Вейсса, позволявшего измерять длительности раздражения по временам пролета пули между контактами, измеряя расстояния между ними. Эта система давала длительности возбуждения и анализа порядка десятков микросекунд, но затем была заменена маятником. Впоследствии в схеме хронаксиметра Ж. Бургиньона эту функцию опосредовала простейшая конденсаторная схема, включающая в себя источник постоянного тока, набор сопротивлений и регуляторы длительности импульса. Принцип действия данной схемы базировался на законе, связывавшем время разрядки конденсатора пропорциональным соотношением с емкостью, а также вытекавшей из этого возможности варьирования длительности раздражения разрядом конденсаторов, отличающихся по емкости, либо использованием конденсаторов переменной емкости (обычно в первой половине XX века – с воздушным диэлектриком и механической регулировкой). Более поздние электронные хронаксиметры, строившиеся на современной на тот момент ламповой базе, сохранили тот же уровень диапазона длительности действия – от 0,01 мсек до $n \cdot 10$ мсек, что соответствовало прикладным медицинским требованиям (хотя и не было достаточно для ряда фундаментальных биомедицинских задач более общего профиля).

Если рассматривать хронаксию, как «наименьшее время, в течение которого постоянный электрический ток силой в 2 раза большей порогового может вызвать реакцию» (пользуясь для этого классическим определением), то очевидно, что хронаксиметром, с физических позиций, является диапазонно-селективный хронометр. В то же время, так как речь идет о наименьшем времени, а значит и о частоте (с учетом свойства рефрактерности) и предельно-вероятностной цикличности, хронаксиметр должен иметь возможность измерения (или пересчета) временных величин в частотные и скоростные, в том числе – оборотные (при использовании пересчетной системы единиц). Стандартные же хронаксиметры второй половины XX века не имели такой предустановленной возможности. Вместе с тем, в хронаксиметры, снабженные спидометрами, можно было бы внести функцию измерения проведения скорости возбуждения и диагностики отдельных патологий и топографо-анатомических локализаций по определенным скоростям.

Для пояснения этого следует привести косвенно относящийся к этому биомедицинский факт. Известно, что скорости проведения возбуждения у разных организмов и разных органов, а также, в том числе, при различных патологиях кардинально отличаются. Так: как известно, в соответствии со справочными данными, скорость проведения у гомойотермных организмов (с инвариантной к внешней среде поддерживаемой метаболическим путем температурой) имеет разброс от 0.5 м/с до 120 м/с (с «филогенетическим инкрементом» - например, у амфибий как пойкилотермных организмов она составляет примерно 0,25 к скоростям проведения у высших приматов); даже у одного организма – человека – скорость проведения: болевых волокон – от 0.7 м/с до 1.3 м/с, мякотных волокон ≊ 30 м/с, афферентных волокон тактильной возбудимости ≈ 50 м/с (причем афферентных нервов рук – 50-70 м/с, а афферентных нервов ног – 40-60 м/с), а двигательных нервов – до 120 м/с. Вполне очевидно, что, с одной стороны, измеряя скорость в отдельных участках, можно указать, диагностировать состояние участка или топографически индицировать его местонахождение, а, с другой стороны, можно, картируя по измерительным данным скоростные параметры, определять *in vivo* эволюционно-гистологическое положение промеряемого участка по динамическим критериям.

При превалировании ритмики регулярной динамики или наличии автоматизма это может являться существенным фактором диагностики и, в обобщенном случае, филогенетического (эволюционно-анатомического или эволюционно-физиологического в зависимости от решения задачи – по пространственным или временным координатам) определения / идентификации и классификации изолированного организма. Так, например, поскольку, по справочным данным, «у кишечнополостных возбуждение проводится со скоростью ≈ 1 см/с в декрементной системе и до 24 см/с в бездекрементной» [2], а в псевдоподиях у одноклеточных скорость проведения возбуждения варьирует в диапазоне порядка немногих долей миллиметра в секунду (десятки и сотни микрон – в зависимости от физиологического статуса), вполне очевидна возможность разномасштабного таксономического различения организмов по скоростям («возбудимости»).

Данная постановка задачи не является экзотической, так как сам Л. Лапик впоследствии распространил свое определение хронаксии и на одноклеточных организмов [3] (см. также его последние работы на данную тему, опубликованные на французском языке в «Comptes Rendus Hebdomadaires des Seances de l Academie des Sciences»: Vol. 234, No. 11, pp. 1109-1112. [1952] и Vol. 234, No. 15, pp. 1511-1514 [1952]; в последней он также распространяет свою гипотезу на клеточные компоненты / компартменты, что не может быть признано полностью верным).

Это напрямую вытекало из его представлений о протоплазматической природе нейровозбудимости [4]. Для таких тонких измерений нужен другой уровень точности, чем для чисто медицинских, клинико-диагностических приложений; поэтому этот вопрос рассматриваться не будет, так как не входит в пределы экспериментально-медицинского интереса.

Предварительные библиографические сведения.

При конструировании медицинского оборудования для хронаксиметрии инженер – медик (или медик – инженер, что тождественно при разработке столь физиологически-специальной и нацеленной на медицинскую практику аппаратуры) обязан изучить основополагающие работы в данном направлении, которые, как правило, малодоступны и, тем более, не систематизированы специально под эту задачу. В связи с этим авторы настоящей статьи сочли возможным подбор и публикацию достаточно полного списка литературы на эту тему, которая может быть нужна также и медикам – практикам, впервые соприкасающимся с подобным оборудованием.

Как известно, термин «хронаксия» был введен Л. Лапиком в 1909 г. в работе «Definition experimentale de l'excitabilite» [5], отдельные оттиски которой в настоящее время расценивают как библиографические раритеты, в связи с чем цитирование литературы по данному вопросу начинают обычно с более поздних и известных работ: «The chronaxic switching in the nervous system» [1] и «Возбудимость как функция времени: хронаксия, её значение и измерение» [6] (в оригинале «L'excitabilité en fonction du temps: la chronaxie, sa signification et sa mesure», что, как правило, упрощая, переводят как «Возбудимость во времени:…»). В последней работе как раз приводится достаточно полное описание методологии и техники измерения хронаксии. Более поздние работы Л. Лапика по хронаксии можно подразделить на три тематических подгруппы: нейрофизиологическая хронаксия [1,7,8], миологическая хронаксия [9,10] и мионеврологическая хронаксия [11,12].

Несмотря на общность принципов и эффектов электрического возбуждения в нервных и мышечных тканей, констатировавшуюся автором [13], такое деление для нас важно в силу различия масштаба времен отклика, рефрактерности и ритмогенеза различных тканей. Так, сам Л. Лапик в начале тридцатых годов прошлого века ставил принципиальный вопрос – «может ли мышечная субстанция характеризоваться более длинной хронаксией, чем нервная» [14]? Эта проблема стала весьма актуальной, когда было обнаружено наличие альфа- и гамма- кривых на мускулатуре [15]. Таким образом через ряд промежуточных этапов хронаксиметрия привела к обнаружению явлений «фазово-частотной» синхронизации возбудимости тканей по хронаксии и созданию представления об изохронизме, когда в нормальных условиях скорости развития возбуждения в нерве и мышце, индицируемые через близость хронаксии, становятся эквивалентными (хотя утомленная мышца будет иметь отличные характеристические времена от не выполняющего механическую работу нервного волокна, но это несущественно в данном контексте – см. далее). При гетерохронизме, что очевидно, передача возбуждения не проходит (т.е. при хронаксии одного звена отличной от хронаксии другого), поэтому дифференциация с использованием критериев хронаксиметрии может являться средством картирования позиций переноса информации или трансдукции управляющих «механоэлектрических» сигналов.

Первое комплексное описание изохронизма на современном уровне (на немецком языке) было произведено Лапиком на примере тонических и не тонических волокон и двигательных нервов в 1932 году [16]. В 1934 году на английском языке появилась известная статья «Neuro-muscular isochronism and chronological theory of curarization», в которой токсическое действие яда кураре на организм рассматривается как следствие сбоя нервно-мышечного изохронизма, т.е. нарушения согласованности приемопередачи в процессах биоритмогенеза [11]. Позднее Л. Лапик систематизировал свои представления о ритмогенезе возбудимых тканей в монографии «L'isochronisme neuromusculaire et l'excitabilite rythmogene» в 1940-х [12] после того как в 1939 году была опубликована предварявшая её монографическая работа [17], в которой методология хронаксиметрии была использована для анализа циклов проводимости ганглиев в нормальном состоянии и под фармакохимическим воздействием. В последней достаточно широко описаны возможности хронаксиметрии как метода и техники исследования функциональных состояний организма, в особенности – под действием фармакологических и токсикологических факторов. Можно резюмировать, что в конце 1930-х – начале 1940-х годов. метод внедрился в практику: под прямым руководством Л.Э. Лапика выходили работы с использованием хронаксиметрии в психологии при анализе условных рефлексов и в индустриальной психофизиологии адаптации человека к профессии, среде её реализации и условиям труда [18,19]. Перевод на человека вёл к утрате инвазивного характера хронаксиметрии, поэтому дальнейшее её развитие и внедрение в отрасли, не сопряженные с прямой фиксацией электрофизиологического сигнала, в настоящей работе нами не рассматриваются (как бесполезные для общих целей электрофизиологического приборостроения и прямой интерпретации данных с соответствующего оборудования). Весьма полное и объективное изложение чисто физиологических приложений хронаксии на то время можно найти в двухтомнике Лапика «La chronaxie et ses applications physiologiques» 1938 года [20].

Новизна, разработанная после 1940-х гг., относится к гальванонаркозу (Com. Rend. Seanc. Soc. Biol. Fil., Vol. 144(13-14), pp. 929-931 [1950]) / гальваноингибированию и гальванотонусу (Com. Rend. Seanc. Soc. Biol. Fil., Vol. 145(13-14), pp. 947-950 [1951]; Com. Rend. Seanc. Soc. Biol. Fil., Vol. 146 (13-14), pp. 976-979 [1952]), однако, будучи опубликованной в сравнительно узком франкоязычном издании, она не оказала существенного влияния на хронаксиметристов из других стран, зачастую пользовавшихся только англоязычной (в ранний довоенный период – немецкой) специальной литературой для библиографического подкрепления своих выводов и в поисках технически-отличной конструктивно-методологической новизны.

Альтернативные европейские хронаксиметры и советская хронаксиметрия.

Развитие хронаксиметрической техники после опубликования принципиальных статей и монографий Л. Лапика шло не только в рамках «коллектива» его последователей. Так, кроме вышеупомянутого, ставшего впоследствии классическим хронаксиметра Бургиньона, развитие получили: хронаксиметр вращения из работ Манна-Блоха [21], хронаксиметр М. Флоркина для исследований на изолированных мышцах в гипертонических и гипотонических растворах [22], портативные хронаксиметры Ньюмана, создававшиеся для клинических приложений [23]. Для СССР, также как и для европейских стран, было характерно развитие хронаксиметростроения, но о нём будет рассказано позднее – в силу его оригинального характера. Хронаксиметрия как научный метод появилась в СССР в начале 1930-х гг.

Илл. 1: Бельгийский хронаксиметр проф. Фредерика. Приводится по изданию: Наркомпрос РСФСР. Университеты и научные учреждения. Объединенное Научно-Техническое Издательство, Москва-Ленинград, 1935.

По-видимому, первым хронаксиметром в СССР был аппарат, привезенный проф. Фредериком (учеником Л. Лапика) в учрежденный в соответствии с постановлением Совнаркома от 6 марта 1929 г. НИИ физиологии. До 1930-х гг. информации о применении данного хронаксиметра в литературе найти не удается, что говорит о том, что начало работы с ним датируется первой половиной 1930-х гг. Фото хронаксиметра, привезенного проф. Фредериком, заимствованное из справочника Наркомпроса РСФСР 1935 года, приводится на илл. 1. Согласно приводимым там же данным, исследования хронаксии на нём велись на классических объектах: зрительные бугры, спинной мозг, вегетативные центры в продолговатом мозге (варьирующие, в зависимости от возбудимости, хронаксию миокарда), блуждающий нерв (etc.).

Класс 30 а, 4 № 42255

АВТОРСКОЕ СВИДЕТЕЛЬСТВО НА ИЗОБРЕТЕНИЕ

ОПИСАНИЕ

аппарата для определения кожной чувствительности человека.

К авторскому свидетельству П. О. Макарова, заявленному 31 мая 1934 года (спр. о перв. № 148492).

О выдаче авторского свидетельства опубликовано 31 марта 1935 года.

Настоящий аппарат служит для изучения кожной чувствительности человека к точно дозированному в интенсивности и во времени адекватному тактильному раздражению. В нем предусмотрена возможность изучения сенсорной хронаксии по Лапику, т. е. чувствительности и к неадекватному гальваническому раздражению. Особенно существенно в аппарате то, что дозированное адекватное раздражение (струя воздуха) и точно дозированное гальваническое могут быть одновременно или в любых вариациях приложены к одному и тому же или различным участкам кожи.

На чертеже фиг. 1 изображает вид аппарата сбоку; фиг. 2 — вид аппарата сверху; фиг. 3 — разрез аппарата по линии *АБ*.

По своей конструкции аппарат представляет собой два прибора, объединенных вместе, причем один из них—известный 2-контактный Блюменфельдовский хронаксиметр, в основном состоящий из корпуса *1*, несущего на себе электромагнитные катушки *2* для удержания взведенного маятника *3* с крылом *5* и грузом *4*, а также систему контактирующих деталей *7*, *7А*, и защелки *22*, крепящейся на штанге *23*, и второй новый, состоящий из следующих существенных частей: газометра, в котором создается воздушное давление, контролируемое манометром *17*. По своей конструкции он представляет следующее. В бак *8*, наполненный водой, опущен кверху дном второй бак *9*, крепящийся посредством ушка *10* и троса *11* с грузом *12*, перекинутым через вращающий блок *13* в вилке *14*. Из бака *8* выводится полая трубка *15* наружу, последняя переходит в раструб *16*, от которого отходят две трубки—одна к манометру *17*, другая—к кронштейну *18*, пересекаемая пусковым краном *24*. При такой системе трубок, подводящих воздушную струю к изучаемой поверхности кожи, интенсивность давления струи воздуха на соответствующий участок ее дозируется изменением воздушного давления в газометре. Время же действия воздушной струи на объект, в свою очередь, дозируется шириной переменной диафрагмы *6*, укрепленной на крыле *5* маятника *3*. Таким образом, чем уже щель диафрагмы *6* и чем быстрее будет полет призмы *19*, зависящий от высоты груза *4*, с маятником *3* и крылом *5*, тем меньшее время будет действовать воздушная струя на исследуемую точку кожи и наоборот. Воздух, подведенный к крылу при падении последнего, проходит в открытое отверстие диафрагмы, попадает в воронку *20*, а далее в наконечник *21* и на изучаемый объект.

(37)

— 2 —

Предлагаемый аппарат отличается от Блюменфельдовского хронаксиметра тем, что с помощью его можно изучать тактильную чувствительность не только к гальваническому раздражению, но и к адекватному раздражению, минимальному воздушному давлению любой длительности и интенсивности; эти два раздражения—тактильное адекватное и электрическое можно как угодно комбинировать между собой и, следовательно, изучать хронаксию, рефрактерность, лабильность тактильного анализатора кожной чувствительности человека и животных.

Предмет изобретения.

Аппарат для определения кожной чувствительности человека, состоящий из Блюменфельдовского хронаксиметра, газометра, манометра, отличающийся тем, что для подачи из газометра дозированной воздушной струи к поверхности кожи трубка *15* газометра присоединена к переменной диафрагме *6* крыла *5* хронаксиметра с воронкой *20* и наконечником *21* для комбинирования адекватно-тактильного раздражения с электрическим.

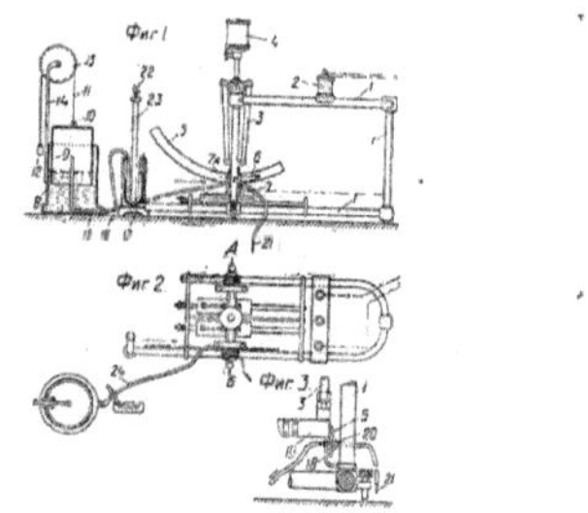

Эксперт и редактор *В. В. Соколов*

Тип. „Печатный Труд" Зак. 4544—200

Илл. 2 а, б. Хронаксиметр Макарова - модернизация двухконтактного блюменфельдовского хронаксиметра [24].

Начиная с 1935 года, в советской печати появляются первые работы по созданию аутентичных неинвазивных хронаксиметров, частично работающих на пневматической, а не электрофизической, как их прототипы, основе. Так, известен хронаксиметр Макарова [24], являющийся мультимодернизацией двухконтактного блюменфельдовского хронаксиметра (см патент на илл. 2 а, б), отличающегося возможностью комбинирования тактильного и электрического стимула в ходе анализа хронаксии и / или реобазы. Исходный хронаксиметр (Блюменфельда) состоял из диэлектрического (в более поздних усовершенствованных вариантах – бакелитового) корпуса с электромагнитными катушками для удержания взведенного маятника с крылом и грузом – то есть основных компонент полумеханической конфигурации аппарата Лапика или Бургиньона (а также систему контактирующих деталей и защелки, крепящейся на штанге, что, в принципе, несущественно). Конструкция и приложения данного прибора были описаны Блюменфельдом (известным в то время приват-доцентом – клиницистом [25,26]) в пионерных работах 1927-1928 гг. [27,28]. При указанной модернизации П. Макаровым к нему был дополнен пневматический блок из газометра с манометром и вспомогательной струйной оснасткой.

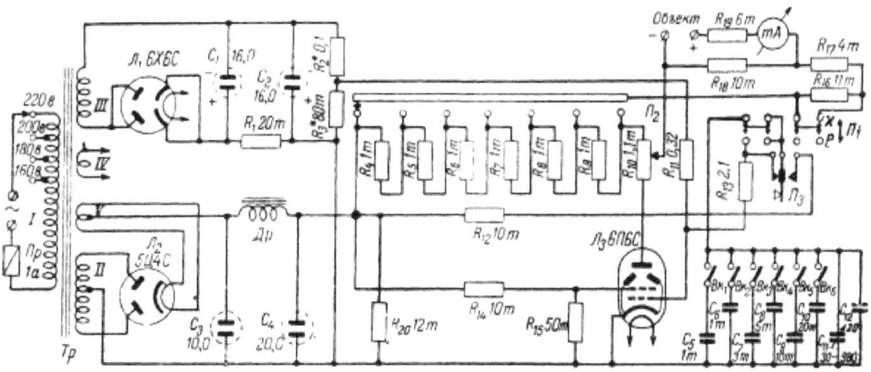

Илл. 3: Принципиальная схема лампового хронаксиметра Эскина с реобазой, измеряемой в миллиамперах [29]

Послевоенное развитие хронаксиметрии (если не принимать во внимание модернизации и адаптивные изменения, иногда встречающиеся в описаниях материалов и методов в статьях), было обязано прогрессу ламповой техники. Первым советским ламповым хронаксиметром для практики, пересчитывающим реобазу в амперах (что немаловажно для аргументации задач её пересчета в другие величины, означенные в заголовке настоящей статьи), стал хронаксиметр Эскина, удостоенный в 1953 году награды Всесоюзной выставки творчества радиолюбителей-конструкторов по разделу "Применение радиометодов в народном хозяйстве" [29]. Однако как промышленный образец данный аппарат не выпускался. Согласно перепечатываемым в США переводным данным советских статей, опубликованным в «U.S.S.R. Literature on Air Pollution and Related Occupational Diseases», (Vol. 3, pp. 110-118 [1960]), можно сделать вывод о том, что практически до начала 1960-х гг. в СССР использовался хронаксиметр типа

ГИФ 1949-го года разработки (см., напр.: [30,31] и др., ibid.). Аналогичная техника использовалась при изучении и оптимизации промышленных норм (см., напр., сборн.: «Предельно допустимые концентрации атмосферных загрязнений», Вып. 4, [Уфимский химзавод], М., Медгиз, 1960). Формальдегид и акролеин, а также дихлорэтан нормировались в СССР методами «антропной биоиндикации» с использованием хронаксиметрических техник!

Илл. 4: Общий вид лампового хронаксиметра Эскина [29].

Таким образом, несмотря на то, что ГИФ и его аналоги являлись оптическими, а не электрофизиологическими хронаксиметрами, применение хронаксиметрического концепта в химико-технологических производственно-нормировочных целях, являлось инновационным (что повлекло «несанкционирвоанный» английский перевод) и полностью вписывалось в идеологию Лапика, совмещавшего на поздних этапах психологию, индустриальную физиологию и учение о хронаксии (см. выше). Надо отметить, что имевшие в начале 1940-х гг. значительно более комплексное оснащение американские клиники, например – «The Mount Sinai Hospital of the City of New York», сообщавшая в отчете No. 91 за 1942-1943 годы, что ими построена экспериментальная база из дерматометра, плетизмографа, счетчиков Гейгера-Мюллера и хронаксиметра («included the construction of an electronic dermatometer for the study of peripheral nerve lesions, of a strain gauge plethysmograph for the investigation of peripheral circulation, of a chronaxymeter, and of a Geiger-Mueller counter for measurement of radio-active tracers» [32]) в собственной Physics Laboratory, не дошли тогда до такого уровня.

В более поздний период СССР также являлся одним из мировых лидеров хронаксиметрического анализа, о чем свидетельствуют множественные статьи с приложением хронаксиметрических методов того времени (из доступных для фиксации приоритета перед зарубежным читателем – см., напр., переводные работы из «Bulletin of Experimental Biology and Medicine» 1960-х годов [33,34,35]). Несмотря на устаревание стандартных методов хронаксиметрии, они использовались в советских и постсоветских нейрофизиологических работах переводного уровня до конца 90-х гг. (см., напр., работу 1997 года по анализу рефлекторной возбудимости у α-мотонейронов, участвующих в формировании гиперкинеза при гепатолентикулярной дегенерации, известной также как гепатоцеребральная дистрофия или болезнь Вестфаля-Вильсона-Коновалова [36]). Позже 2000-х российские исследовательские работы с использованием хронаксиметров более не публиковались в переводных журналах (за исключением фрагментарных упоминаний).

Хронаксиметры и реотомы в немецкой и германоязычной практике.

Существенный вклад в развитие методологии и диверсификации хронаксиметрических и смежных приложений в первой половине XX века внесли немецкие инженеры и специалисты биомедицинского профиля. Помимо указанного выше блюменфельдовского хронаксиметра, в германоязычных журналах печаталось много схем и описаний методик подобного характера, в ряде случаев не снабжавшихся классическим названием аппарата «хронаксиметр» вследствие неустоявшейся терминологии или отличий в сете измеряемых параметров. Поэтому следовало бы понимать, экстраполируя это и на последующие работы в данном направлении, что в более поздние времена измерение хронаксии зачастую производилось не на хронаксиметре; поэтому «измерение хронаксии» не тождественно термину «хронаксиметрия» и «хронаксиметрические измерения». Первым немецким ротационным хронаксиметром был хронаксиметр Г. Боруттау, упоминавшийся выше в связи с более поздними исследованиями Манна и Блоха [21].

Автором данного прибора являлся один из принципиальных основателей теории нервной проводимости конца XIX – начала XX века [37,38] – профессор Boruttau, активно ведший исследования нервов как электрофизиологических объектов задолго до изобретения первого хронаксиметра Лапика [39,40,41] и поэтому критически относившийся к возникавшим в начале XX века новым теориям биоэлектрических явлений, исходя из исторического опыта [42]. Основой для создания первого ротационного хронаксиметра Боррутау явился разработанный ещё в XIX веке электроприбор – реотом, предназначенный для измерения скоростей электрофизиологического сигнала. Так как обычно различают, как минимум, два типа реотомов – дифференциальный и падающий, надо указать позиции принципиального отличия данных приборов. Падающий реотом непригоден для «неразрушающего контроля» и предназначен, по существу, для фиксации альтерационных потенциалов.

Данный прибор, первая конструкция которого была разработана и использована Германном в конце 1870-х – начале 1880-х гг. [43,44], способен ответить только на один вопрос: «через сколько времени после повреждения мышц развивается в них покоящийся мышечный ток» (цит.: ЭСБЕ, ст. «Реотом падающий»). Более ранний, но метрологически прогрессивный прибор – реотом Бернштейна, описанный им в широко цитируемой (доныне) работе 1868 года [45], показанный на илл. 5, предназначен для измерения потенциалов действия, также измеряет скорость (именно поэтому мы, создавая спидометрический хронаксиметр, заостряем внимание на реотомах), но дифференциальный реотом Бернштейна, в отличие от падающего (Германа), изобретен «с целью измерения скорости распространения отрицательного колебания нервного тока, длины и продолжительности волны нервного возбуждения», что позволяет вести на нём более тонкие витальные изыскания.

Создатель вращающегося хронаксиметра, проф. Боруттау, также занимался усовершенствованием реотомов: он разработал графический реотом для работ на мускулах и нервах [46], что, вероятно, отчасти предопределило его последующее обращение к хронаксиметрической тематике (вероятно также, что прототипом ротационного устройства хронаксиметров Боруттау стал вращающийся диск дифференциального реотома Бернштейна).

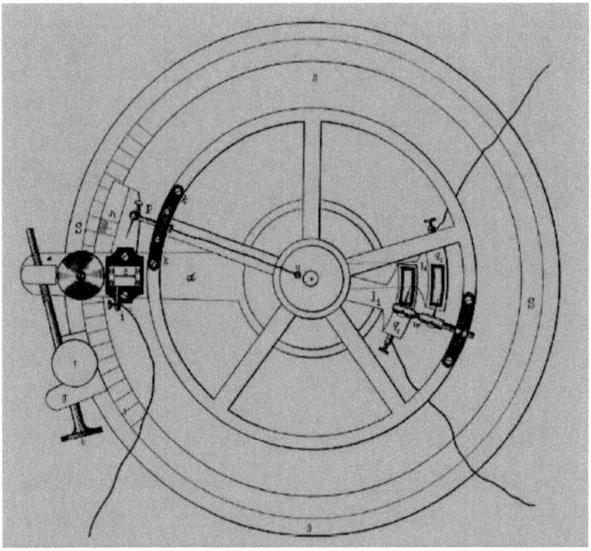

Илл. 5. Дифференциальный реотом Бернштейна (по оригинальной статье 1868 года из «Archiv für die gesammte Physiologie des Menschen und der Theire», Том 1, No. 1 [45]). В неизменном виде воспроизведена в каталоге оборудования «Atlas zur Methodik der Physiologischen Experimente und Vivisectionen» Эли де Циона от 1876 года (стр. 47, фигура 6).

Энциклопедическая опись реотома Бернштейна в Большой Медицинской Энциклопедии позволяет представить себе принцип функционирования этого прибора: «реотом Бернштейна, представляет свободно вращающийся вокруг вертикальной оси диск, снабженный на своей периферии двумя штифтами из которых один, закрепленный неподвижно на диске, путем замыкания и размыкания тока в первичной катушке индукционного аппарата вызывает раздражение объекта, второй – подвижной – для включения тока действия, идущего от объекта в гальванометр. При вращении диска с известной скоростью препарат раздражается при каждом обороте и на известное время устанавливается сообщение с гальванометром. Если установить контакты таким образом, что замыкание гальванометра происходит в тот же момент, как замыкание и размыкание индукционной катушки, то отклонение гальванометра будет соответствовать начальной стадии тока действия; если же второй штифт, служащий для отведения тока в гальванометр, сдвинуть назад, чтобы при вращении диска он несколько запаздывал от первого, то отведение в гальванометр тока действия произойдет позднее раздражения объекта». Перпендикулярный срез реотома Бернштейна, позволяющий понять принцип вращения, приведен на илл. 5 б.

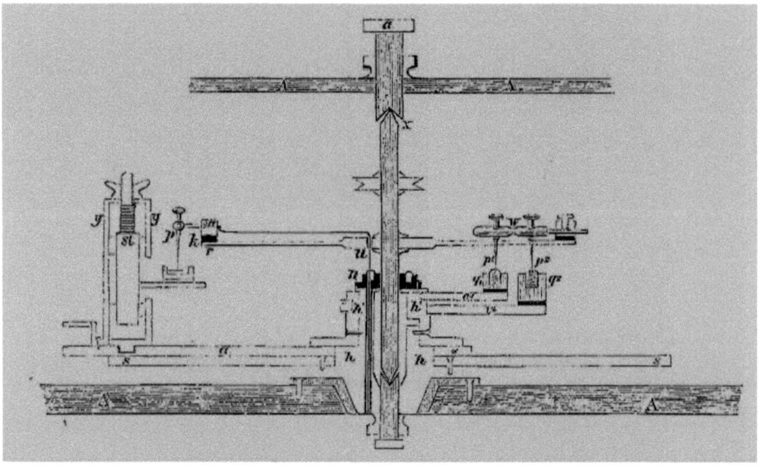

Илл. 5 б: Поперечный разрез реотома Бернштейна (приводится по «Atlas zur Methodik der Physiologischen Experimente und Vivisectionen» Эли де Циона от 1876 года – стр. 47, фигура 5).

Следует отметить означенную там же фазовую чувствительность сбора данных на таком, казалось бы, технически примитивном и элементарно устроенном приборе: «путем целого ряда последовательных сдвигов 2-го штифта можно ответвлять в гальванометр различные фазы возникшего в ткани тока действия», чтобы «составить полную картину протекания его в ткани от начала до конца». Возможность воспроизведения данного важного свойства на современной элементной базе мы, вероятно, рассмотрим в одной из следующих работ.

Принципиально аналогичен ротационной схеме реотома Бернштейна реотом фон Фрея (Rheotom nach Dr. von Frey), показанный на илл. 5 в. Можно видеть, что принципиальные отличия состоят только в элементах фиксации.

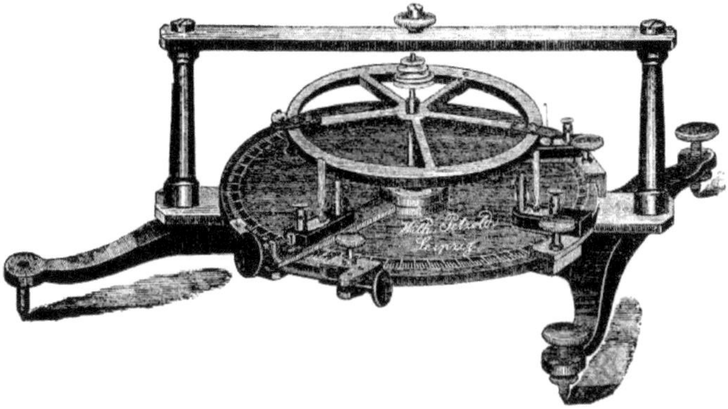

Илл. 5 в: Реотом фон Фрея – аналог реотома Бернштейна. Приводится по: Petzold W. «Preis-Verzeichniss der Werkstätte für Präcisions-Mechanik von Wilh. Petzold: Abtheilung der Instrumente und Apparate für physiologische Experimente und Vivisectionen», каталог 1891 года, стр. 18, фиг. 60.

Хронаксиметр Боруттау и гальванометр Эйнтгофена.

Хронаксиметр Боруттау как таковой был эксплицирован на несколько десятков лет позже дифференциального реотома конструкции Бернштейна, когда необходимость в последнем уже отпала. Так, в выше цитированной БМЭ делается очевидное заключение: «с введением в физиол. методику гальванометра Эйнтгофена реотом Бернштейна в наст, время представляет лишь исторический интерес». Вполне понятно, что гальванометр Эйнтгофена в данном случае представляет собой струнный электрокардиографический гальванометр, одновременно изобретенный Клементом Адером, но введенный в практику биоэлектрических измерений Эйнтгофеном (Эйнтховеном – в современной транскрипции). Точнее речь идёт о гибридной конструкции: вместо известного на тот момент капиллярного электрометра был использован струнный гальванометр, причем в качестве основы и конструктивного прототипа Эйнтховен использовал магнитоэлектрический гальванометр известной на тот момент системы Депре – д'Арсонваля. Это был качественный и качественно новый («по определению» [47]) гальванометр, но он не имел никакого отношения к прямому измерению хронаксии. Таким образом, несмотря на возникновение принципиально новой электрофизиологической техники, принципиально новой системы для хронаксиметрии, не предназначенной для отличных задач, В. Эйнтховен не разрабатывал. Электрокардиографы позволяют реализовать эту задачу, но только для сердца и начиная с более позднего периода, в то время как хронаксиметры для исследования сердечной активности использовались с более раннего периода, чем электрокардиографы для тех же целей.

Для пояснения последнего факта достаточно указать на прямо связанное с исследованием действия сердечных ядов изыскание Л. Лапика по кураризации «Neuro-muscular isochronism and chronological theory of curarization» [11], легшее в основу хронологической теории действия сердечных ядов как таковых. Начиная с 1920-х гг. (когда впервые закрепился тренд на изучение кураризации путем хронаксиметрии или с использованием понятия «хронаксии» Лапика [48]), одним из основных средств изучения эффектов кураризации становится измерение хронаксии на изолированном сердце. При этом в качестве альтернативного экспериментальной хирургии воздействия применяют сердечный яд. 1926 г. выходит работа с использованием лигатуры камеры сердца лягушки, в которой был доказан эффект влияния блуждающего нерва на сердечную возбудимость и хронаксию: на тот момент измерения Дамена, Лапика и Вейля уже показали, что хронаксия сердца лягушки в процессе стимуляции вагального нерва короче, чем у нормального пульсирующего сердца, но здесь впервые было показано, что при ритмично повторяющейся токовой индукции вагальная возбудимость росла, по существу, без изменения реобазы [49]. В 1931 выходит ещё одна работа того же коллектива с участием Т. Брюкке, в которой также наблюдается параметрическая инвариантность на вагальном нерве при измерениях хронаксии [50].

В 1932 году выходит работа [51], в которой показывается, что, в отличие от хронаксии при антиперистальтическом эффекте, хронаксия в экстрасистолической раздражимости не характеризуется инвариантной во времени динамикой –

«возбудимость», определяемая по периоду, в начальной фазе много меньше, чем в конце.

В 1933 году выходит еще одна важнейшая работа [52], посвященная значимости фактора времени в сердечном возбуждении, в которой также показывается его выразимость через хроанксию[1]. В связи с этим с 1934 года [53] появляются работы по частотно-селективной стимуляции сердца, когда постоянные времени разрядки конденсатора выбираются, исходя из кривых распределения постоянных времени[2]. Базируясь на этих данных, можно предположить, что, по крайней мере – в ранних периодах развития метода электрокардиографии, как и электрофизиологических методов вообще, ЭКГ с «эйнтгоффеновским гальванометром» не могло бы в универсальном применении заменить хронаксиметры.

---

[1] В оригинале это реферируется в следующем виде: «Bei der Untersuchung der Veränderungen, die die Erregungsgeschwindigkeit (Chronaxie) des Ventrikels während einer Herzperiode erfährt, zeigte sich zunächst, daß die Chronaxie unmittelbar nach dem Ende der absoluten R.Ph. bis um das 2–3 fache verlangsmat sein kann… Diese Versuche wurden am künstlich angetriebenen Froschventrikel angestellt; die Chronaxie wurde mittels Kondensatorentladungen zum Teil direkt gemessen, hauptsächlich aber durch Austastungen des gesamten Erregbarkeitsablaufes mit Prüfreizen verschiedener Dauer bestimmt… Bezüglich der Einwirkung herzwirksamer Gifte ergab sich, daß das zunächst untersuchte Chinidin ebenso wie Chinin diesen Ausgleich der Chronaxie in der Relativen R. Ph. Verlangsamt».

[2] В оригинале: «Bei konstanter Reizfrequenz und Reizzahl werden mit gewöhnlichen Kondensatorentladungen die Chronaxiewerte der beiden Fasersorten gemessen und für verzögerte Kondensatorentladungen verschiedenster Zeitkonstanten (Anstiegszeiten von 0,8 bis 320 Millisekunden) die den beiden Fasersorten entsprechenden Reizschwellen bestimmt (Zeitkonstante-Spannungskurven). Diese Reizschwellen liegen für die herzhemmenden Vagusfasern (Chronaxie von etwa 5σ) bei raschen Reizimpulsen tiefer, bei langsamen Reizimpulsen höher als für die Acceleransfasern (Chronaxie von 8–10σ)».

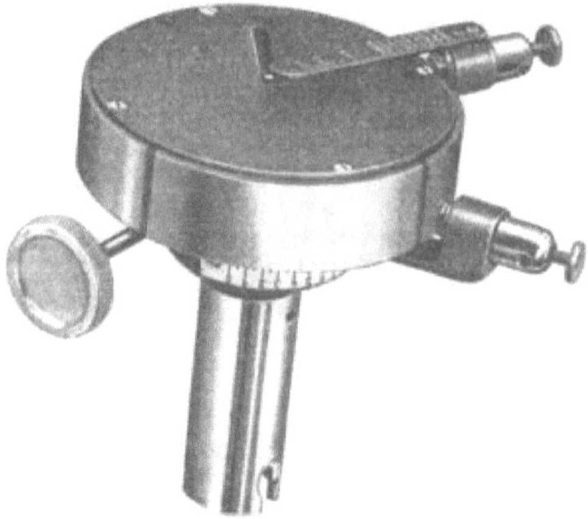

Abb. 1.

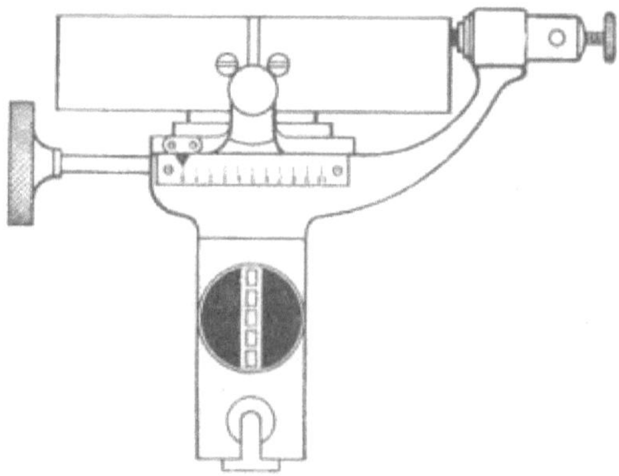

Abb. 2.

Илл. 6: Ротационный хронаксиметр Боруттау (из оригинальной статьи).

С позиций примата универсальной физики над частной методикой эксперимента, учитывая изоморфизм уравнений возбудимости биологических тканей, выведенный с учетом явления хронаксии, в те же годы Рашевским [54], последнее положение представляется само собой разумеющимся (так как кардиофизика является лишь предельным регулярным случаем регулярной и хаотической динамики, наблюдаемой в организме). Хронаксия имеет более широкий смысл.

Ротационный хронаксиметр Боруттау.

Указанный выше вращающийся или, ротационный хронаксиметр Боруттау, возникший, как было указано выше, на принципиальной базе реотома («мутатора» Якоби, что терминологически эквивалентно, согласно словарной базе данных ASIS, выполняющей функцию терминологического синонимайзера) был наиболее поздним из элементарных хронаксиметров первой четверти XX века. Указанная выше «фазовая» чувствительность заинтересовала Боруттау задолго до его изобретения, когда он наблюдал на немиелинизированных нервах головоногих фазовые токи действия [55]. Статья Боруттау, с которой начинается развитие ротационной хронаксиметрии, выходит в 1925 г. [56]. Общий вид описанного в ней прибора приведен на илл. 6. За исключением штативного рельса, можно видеть принципиальное сходство с реотомом Бернштейна, показанным выше на илл. 5.

Этот прибор достаточно быстро внедрился в медицинскую практику. Крупный представитель школы ротационной хронаксиметрии –профессор-клиницист Грюнд проводил миологические клинические исследования с использованием хронаксиметра Боруттау [57] (в частности им был получен комплекс результатов, отграничивавший патологические сокращения мышц / тетанус / мускульную контрактуру от нормальной физиологии) в электрофизиологии и патологии [58], что соответствовало положениям самого Боруттау, собственно, и введшего в физиологический лексикон понятие электропатологических исследований (первые найденные нами публикации с этим понятием были выпущены в 1904-1906 году и принадлежали Г. Боруттау [59,60,61]).

На 37-м конгрессе «Немецкого общества по внутренней медицине» в 1925 году проф. Г. Грюндом было продемонстрировано удобство ротационного хронаксиметра Боруттау, работающего как мутатор Якоби (прерыватель тока: «rotierenden Chronaximeter ein Instrument angegeben, mit dem es möglich ist, einen konstanten Strom in raschem Rhythmus rechtwinklig zu unterbrechen und zu schliessen» [58]). В тот же год вышла цитированная выше статья Манна и Блоха, выполненная на том же инструменте [21]. Впоследствии хронаксиметр Боруттау производился для клиник и дистрибьюировался «Siemens-Reiniger-Veifa» [Gesselschaft für Medizinishe technik G. m. b. H.] в практически неизменном к исходной разработке виде, о чем свидетельствует каталог 1927 г., в котором на стр. 3 приводится изображение хронаксиметра Боруттау напротив эквивалентного ему по назначению прибора – переключателя / прерывателя, конструкции Ледюка (Leduc unterbrecher). Фотокопия с указанной страницы каталога приведена на илл. 7. Принципиальные различия прерывателей Ледюка и хронаксиметра Боррутау с позиций клинической практики можно понять из [62]. Их близость можно понять из заключительной фразы статьи: «Boruttau hat den Leducunterbrecher etwas modifiziert als Chronaxiemeter beshriben», то есть их различия находятся в пределах зоны взаимной трансформации и модифицируемости.

Илл. 7: Электрофизиологический прерыватель конструкции Ледюка и его архетип или эквивалент – хронаксиметр конструкции Боруттау.

Тетанометр – предшественник реотома Бернштейна для электрофизиологии.

Не следует думать, что до появления понятия хронаксии и хронаксиметрии Л. Лапика не существовало приборов для фиксации влияния параметров сигнала на эффект раздражимости. Несмотря на то, что при этом не было известно, что при больших длительностях раздражения пороговая сила раздражителя не зависит от длительности, что существует гиперболическая по форме зависимость, впоследствии названная кривой Гоорвега-Вейса-Лапика, такие измерения проводились и, вследствие этого, часто приводили к неоднозначно трактуемым результатам. В данном случае принципиальная роль Гоорвега, Вейса и Лапика состояла в разработке законов, детерминирующих и позволяющих прогнозировать динамику системы: математическая теория в интегральной форме записи была представлена Гоорвегом в работе [63], причем сам Гоорвег, также как и позднейшие исследователи, широко использовал конденсаторы для возбуждения в экспериментальных установках [64], что коррелирует с концептом конструкций хронаксиметров Лапика – Бургиньона (см. также немаловажные работы Гоорвега по электрическим свойствам нервов и их возбудимости [65- 67], в том числе – при возбуждении переменным током разных частот [68,69] и с возможностью сопоставления электрофизиологической деятельности нервов и мышц [70,71], что соответствует логике работ Л. Лапика в том же направлении, рассмотренной выше).

Перу Вейсса также принадлежит ряд коррекционно-основополагающих работ в данном тренде, но не только по электрофизиологической чувствительности, а и по акустической и химической реактивности [72-76]; принципиально-важные работы Л. Лапика в этом направлении мы рассмотрели выше, но хотелось бы указать на то, что хронаксия и хронаксиметрия по Лапику привели к созданию верифицированной и до сих пор наиболее популярной в математическом моделировании и компьютерной нейронауке «integrate-and-fire»-модели нейрона [77,78], причем в основу всех формализмов такого рода (помимо кривой Лапика существует кривая Блэра для миокарда [79], экспоненциальная кривая для сенсорных систем [80] и т.д., физически-подобные и функционально-эквивалентные к кривой Лапика) положены предпосылки, аналогичные тем, что использовал Лапик. Возникновение данных предпосылок должно было следовать из опыта предшествующей экспериментальной практики.

Вполне очевидно, что должен был существовать прибор, с помощью которого измерения на нервах производились в «до-Лапиковский» период. Если не считать грубых и неадаптивных конструкций времен Гальвани [81], то одним из наиболее известных и функциональных типов приборов того времени являлся тетанометр, построенный Р. Гейденгайном для исследования влияние силы постоянного электрического тока на эффект раздражения двигательных нервов. К сожалению, существует только один сетевой ресурс, посвященный этому крупному ученому и одному из первых специалистов в области биомедицинского приборостроения и инженерии, на украинском языке – http://heidenhain.com.ua/. Несмотря на углубление в архивный материал вплоть до третьей четверти XIX века, нам не удалось найти хорошо воспроизводимых описаний самой техники измерений на тетанометре, поэтому здесь мы приводим только обрывочные сведения, которые удалось получить из открытых источников. Общий вид прибора, выпускавшегося до 1930-х гг. (а кое-где и позже) в неизменном виде, показан на илл. 8 а (по каталогу 1911 года «Illustrierte Preisliste III über Biologische Apparate») и 8б (по каталогу 1928 года «Psychologische und Physiologische Apparate») [82,83].

Кроме него известен тетанометр МакКендрика, о котором нам известно по тексту письма МакКендрика Александру Роллету (цитируемого здесь по уникальному архивному изданию из университета Граца [84]), в котором он в списке своих публикаций дает ссылку на некий пока не найденный нами отчет «On a new form of Tetanometer. Report of British Association» от 1871 года:

748. **# McKendrick John G./RA 1874 VI 27/Edinburgh**

Sir,

I take the liberty of informing you that I am a candidate for the chair of Physiology now vacant in the University of Edinburgh by the resignation of Professor Hughes BENNETT. Annexed you will find a list of the different papers communicated by me to Journals and Learned Societies, and should you consider me worthy of any recognition at your hands I need not to say how highly honoured I would feel by your commendation.

I am, Sir, Your most obedient servant

John G. McKENDRICK

List of Paper published by John G. McKendrick, M.D., Fellow of the Royal Society of Edinburgh, Fellow of the Royal College of Physicians, Assistant to the Professor of Physiology in the University of Edinburgh.

–‖–

1871
On a new form of Tetanometer. Report of British Association 1871
1873

Так как письмо датируется 1874 годом, очевидно, что ещё, как минимум, одна «форма» тетанометра («old form») должна была существовать ещё раньше. В известных журнальных работах Гейденгайна раннего периода, изданных в ежегодном журнале-альманахе Й. Мюллера «Arch für Anatomie, Physiologie und Wissenschaftliche Medicin» [85,86] полноценного описания с изображениями данного прибора не находится, что является причиной неверного толкования в хронологии развития «тетанометрии» и «тетанометростроения», выражающейся в постоянном смещении начала «эпохи тетанометрии» на 1860-е и более поздние годы отдельными авторами (как правило, такая ошибка проявляется при вспомогательном упоминании работ Гейденгайна, когда, рассматривая проблему мельком, авторы не решаются провести глубинный архивный и библиографический анализ). Однако, в действительности, уже в 1856 году полное описание и самого прибора, и получаемых с его помощью результатов было опубликовано Гейденгайном в почти 150-страничной (с учетом изображений) монографии «Physiologische Studien», в части «Neue Methode, motorishe Nerven auf mechanishem Wege zu tetanisiren» [87].

Для сопоставления с приведенными на рис. 8 а, 8 б промышленными тетанометрами мы приводим ксерокопию из оригинальной работы Гейденгайна с изображением созданного им тетанометра на илл. 8 в. На илл. 9 также приводится схема одного из экспериментов Гейденгайна и кривая, вычерченная в соответствии с полученными данными. Можно видеть, что она графически соответствует всем известной кривой Гоорвега-Вейса-Лапика, хотя фактор времени и не задан напрямую!

Данным фактом мы не умаляем новизны Гоорвега, Вейса и Лапика, означенной выше, но констатируем факт наличия более ранних прецедентов графического анализа физиологической реактивности с использованием аппаратных средств того же принципа, но немногим меньшей механической сложности. Кроме того, по ряду причин, о которых пойдёт речь далее, нам бы весьма хотелось включить функции примитивного тетанометра в функционал изготавливаемого нами прибора.

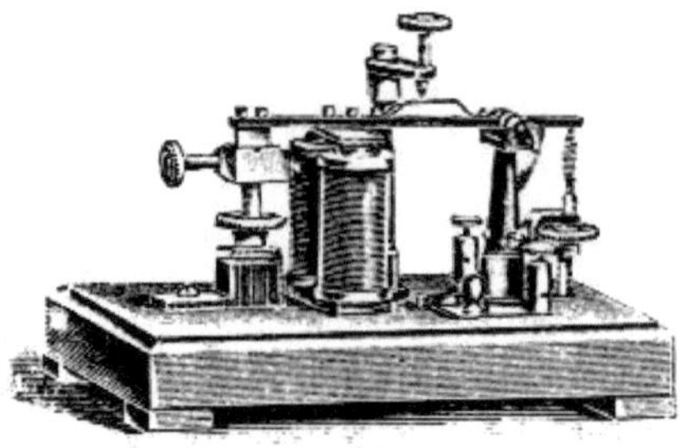

Илл. 8 б: Тетанометр Гейденгайна (Tetanometer nach Heidenhain) из каталога: Hugershoff F. «Illustrierte Preisliste III über Biologische Apparate», 1911 (стр. 0183, фиг. b1936). Подпись с пояснением широты пределов измерений: «Tetanomotor nach Heidenhain, welcher in zweckentsprechender Art angefertigt wird, gestattet Untersuchungen, welche in den weitesten Grenzen abgestuft werden können».

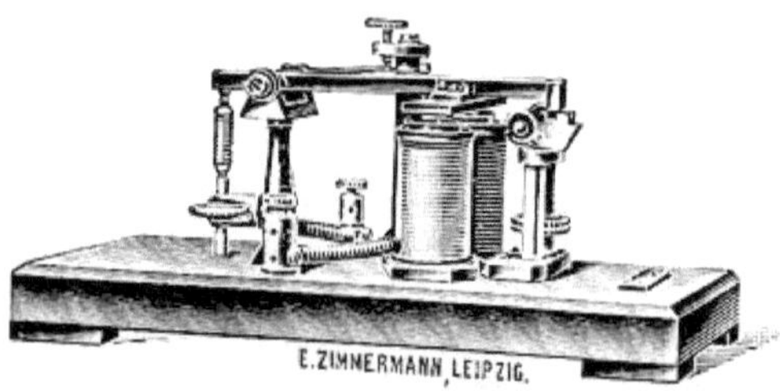

Илл. 8 б: Тетанометр Гейденгайна (Tetanometer nach Heidenhain) из каталога: Zimmermann E. «Psychologische und Physiologische Apparate», 1928 (опись No. 50, стр. 0275, фиг. 3550)

Известно, что И.П. Павлов подчеркивал, что вместо электрического раздражения (часто использовавшегося и ранее, и после начала систематического физиологического исследования реактивности – от опытов Гальвани до психофизического бихевиоризма), можно использовать механическое (отчего сам Павлов так охотно применял в своей работе на собаках «касалки»), в связи с чем тетанометр Гейденгайна является достаточно небесполезным инструментом. Так, в лекциях о работе главных пищеварительных желёз, переведенных впоследствии как «The work of the digestive glands» [88], И. Павлов, описывая острый эксперимент на симпатическом нерве, пишет: «If, in the acute experiment described above, the sympathetic nerve be excited by means of an induced current, a gentle intermittent advance of the secretion in the cannula is observed, but only during the first few seconds ; during the later stages of the excitation, and after its stoppage, the onflow is completely arrested. If, instead of the electric current, mechanical stimulation (for example, with ***Heidenhain's tetanometer***) be employed, a different result is observed : soon after the beginning of the excitation a tolerably strong secretion sets in. The same may be obtained by electrical stimulation, not, however, with a fresh nerve, but with one which has been divided three or four days before, and which, in consequence, is partially degenerated. The meaning of these events is easy to understand when one recalls the physiology of the vascular nerves». Он подчеркивает кардинально различающийся эффект электрического и механического возбуждения. В связи с этим вполне очевидно, что хронаксиметр, действующий на основе альтернативной системы Гейденгайна, в соответствии с принципами Павловской интерпретации, мог использоваться как хронаксиметр (с определенными доработками) с механически-опосредованной подачей сигнала, аналогично аппарату Макарова-Блюменфельда [24] для определения кожной чувствительности человека и «подопытных» лабораторных животных! Следует знать, что в уже известной читателю работе 1856 году Гейденгайн исследовал ни что иное, как влияние силы постоянного тока на эффект раздражения им двигательных нервов, поэтому в данном случае совмещение, сопоставимость и синхронизируемость различных факторов раздражения явилась индуктором трансформации чисто электрофизиологического подхода к анализу реактивности в мультимодальный принцип общебиологического значения (от чего недалеко было до более общей методологии Л. Лапика и др.; см. выше). Так, современные хронаксиметры, предназначенные для анализа лабильности вестибулярного аппарата посредством раздражения сосцевидного отростка, а также мышечной хронаксии, в некоторых случаях не используют электрический стимул либо используют малые токи в совокупности с основным неэлектрическим стимулом (по частным сообщениям коллег из ЕС, были попытки использовать MEMS - микроэлектромеханические системы в работах по сенсорному возбуждению).

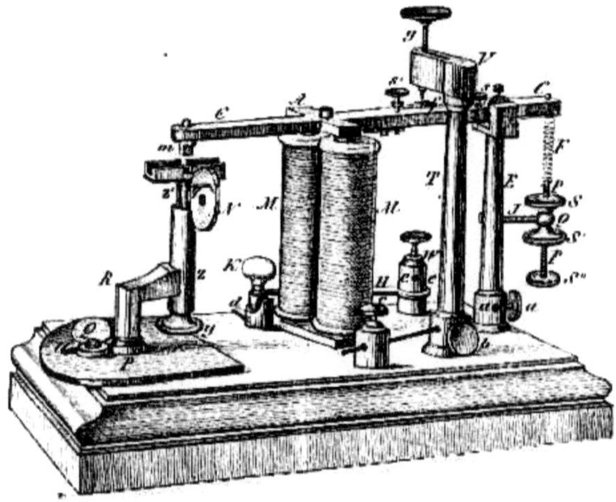

Илл. 8 в: Тетанометр Геденгайна (изображение из оригинальной работы).

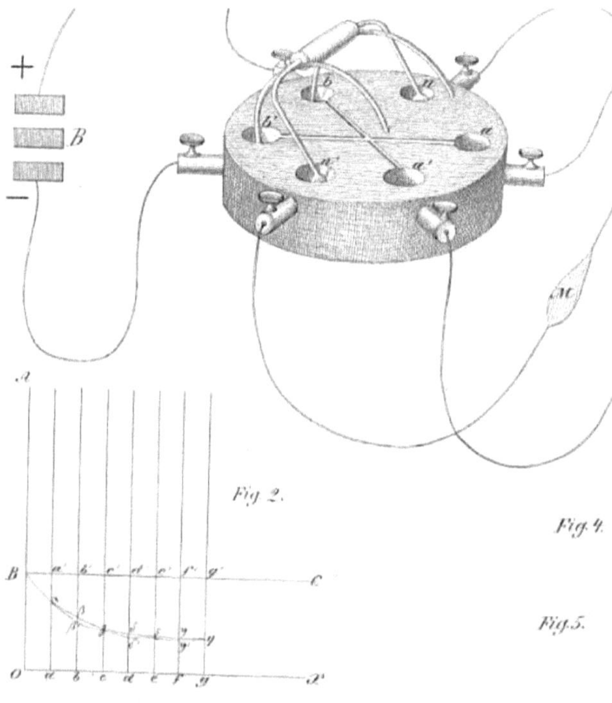

Илл. 8 б: Фрагмент схемы Гейденгайна: «первая электрофизиологическая и миологическая лаборатория на чипе».

От истории к практике конструирования хронаксиметров.

Общеизвестно, что перед электростимуляцией, как правило, при использовании научного подхода к постановке физиотерапии, производятся хронаксиметрические измерения методами расширенной электродиагностики. Определяются: оптимальная для динамики данной мышцы длительность импульса, равная хронаксии, и частота следования импульсов, соответствующая лабильности. Отдельным пунктом идет подбор формы импульса, который не рассматривается в пределах настоящей работы. Существуют распространенные данные по частотам следования импульсов в различных морфофизиологических и функционально-морфологических системах, исходя из лабильности (см. таблицу 1 [Е.Д. Адамович; исходя из сетевых справочных данных]):

Таблица 1.

СТРУКТУРА ИЛИ ВЫЗЫВАЕМЫЙ ПРОЦЕСС	ЧАСТОТА ИЛИ ДИАПАЗОН
СИМПАТИЧЕСКИЕ НЕРВЫ	1—10 ГЦ
ПРОВЕДЕНИЯ ИМПУЛЬСОВ В СИМПАТИЧЕСКИХ НЕРВАХ	СИНУСОИДАЛЬНЫЕ ИМПУЛЬСЫ 100 ГЦ
ПАРАСИМПАТИЧЕСКИЕ НЕРВЫ	25—100 ГЦ
НЕРВНО-МЫШЕЧНЫЙ АППАРАТ (ПОПЕРЕЧНО-ПОЛОСАТОЙ МУСКУЛАТУРЫ)	80—150 ГЦ
ГЛАДКИЕ МЫШЦЫ	30 ГЦ
ФУНКЦИОНАЛЬНЫЕ ДЕСКРИПТОРЫ	
УГНЕТЕНИЕ БОЛЕВОЙ ЧУВСТВИТЕЛЬНОСТИ	80—250 ГЦ
ВОЗБУЖДАЮЩЕЕ ДЕЙСТВИЕ НА ЭКСТЕРОРЕЦЕПТОРЫ КОЖИ И НЕРВНО-МЫШЕЧНЫЙ АППАРАТ ПРИ ВЫСОКОЙ ИНТЕНСИВНОСТИ – ДО ТЕТАНИЧЕСКИХ СОКРАЩЕНИЙ МЫШЦ	ОДНОТАКТНЫЙ ТОК 50 ГЦ В ДИАДИНАМОТЕРАПИИ*
ПРОТИВОБОЛЕВОЕ, АНТИСПАСТИЧЕСКОЕ И ГИПОТЕНЗИВНОЕ ДЕЙСТВИЕ	ДВУХТАКТНЫЙ ТОК 100 ГЦ В ДИАДИНАМОТЕРАПИИ

Хронаксия в физиологии человека держится на уровне долей секунды (напр., хронаксия нервов, снабжающих переднюю группу проксимальных мышц рук равна 0.08 – 0.16 мс [89]). Аналогичное характерно для величин рефрактерности: «у аксона, сомы нервной клетки, скелетных мышц длительность абсолютной рефрактерности 0.5-2 мс, длительность относительной рефрактерности 5-10 мс, длительность супернормальной возбудимости 20-50 мс. У сердечной мышцы длительность абсолютной рефрактерной фазы составляет около 300 мс» [Ibid]. Поэтому частоты стимуляции, как правило, составляют более 1 Гц (более импульса в секунду), в подавляющей части методик > 10 Гц.

Характерным примером такого воздействия, исходящего из норм восприимчивости ткани (и, в частности, как следствие, хронаксии), является диадинамотерапия, существенный вклад в которую принадлежит украинским специалистам (см., напр., недавние работы: [90,91]). Вообще, основная часть исследований по диадиноамотерапии и диадинамическим токам в БД PubMed (NCBI) принадлежит неанглоязычным странам и, преимущественно, республикам СССР, СЭВ, Латинской Америке (хотя встречается значительное количество работ из Франции и Германии / ФРГ). Первые промышленные аппараты для диадинамической терапии, хорошо известные и за рубежом, были разработаны в СССР [92-94]. Несмотря на то, что в современном словаре и справочнике по ревматологии «Dictionary of Rheumatology» 2009 года (Springer) существует (с. 55) статья «Diadynamic currents (Bernard)», англоязычных статей по диадинамической терапии не так много, при этом, по большей части, в мало читаемых журналах [95,96], хотя принципы соответствия частот воздействия реактивности организма и хронаксии фундаментальны и универсальны.

Исходя из означенных частотных параметров, целесообразно использовать аналогичные параметры в создаваемом нами хронаксиметре, придав ему возможность работы с частотами и длительностями, рефрактерностями и периодами импульсов, соответствующими создаваемым физиологическими и физико-химическими механизмами в организме. Так как рефрактерность и лабильность также должны быть измеримы (как известно, ещё в 1956 г. в «Физиологическом журнале им. Сеченова» крупнейшим советским специалистом в рассмотренной области Г.И. Сидоренко в 6 выпуске была опубликована статья по применению хронаксиметра в целях исследования лабильности – мы, к сожалению, сумели достать только машинописный оттиск, поэтому не можем дать корректную ссылку), наш хронаксиметр также должен уметь измерять данные параметры (хотя бы как функцию изменчивости, адекватную волатильности и близким критериям в случае эконометрических изысканий). При этом, так как параметры возбуждения могут быть заданы с помощью стандартных генераторов сигналов специальной формы, можно использовать их в качестве задатчиков пульсации (подробнее об этом планируется рассказать в одной из следующих работ), основную часть представляет создание измерительного модуля, отличающегося тем, что в него встраиваются измерительные головки спидометрического или тахометрического, а также герцметрического (в том числе в ротационном = вращательном пересчете) назначения, а также блок пересчета пространственного распространения сигнала в циклах в мм$^{-1}$.

КОНСТРУКЦИЯ ПРИБОРА

В разработке описываемого хронаксиметра мы вынуждены были использовать не самые оптимальные, а наиболее доступные исходя из имеющихся в распоряжении спецпрактикума в ИНЭПХФ РАН детали. Поэтому описываемый прибор следует рассматривать лишь как proof-of-concept, но не как коммерческий образец. Однако мы вынуждены исходить из DIY-подхода Германа Гельмгольца: «Я привык – и считаю эту привычку полезной, когда вступаю на совершенно новый путь исследования, строить предварительные модели приборов; хотя бы они были ломкие и из плохого материала, но позволяли обнаружить первые следы изучаемого явления и установить главные препятствия в его изучении». Вследствие этого вполне понятен факт, что «методы измерения мало соответствуют сложности изучаемого явления, поскольку эти результаты не могут претендовать каким-либо образом на точность» (цитата – Гельмгольц Г., «О сохранении силы»). Однако это позволяет доказать физическую реализуемость данной идеи и возможность осуществления подобных измерений и пересчетов «в железе».

Общий вид одной из достаточно полных версий нашего прибора приведен на илл. 9 (мы до последнего времени вели совершенствование аппарата, ещё одна версия которого показана на илл. 10). Оба описываемых в настоящей работе аппарата изготовлены студентом Адамович Е.Д. при непосредственной помощи и безвозмездных консультациях персонала одного приборостроительного института и конструкторского бюро (точное название по просьбе коллег не разглашается).

Илл. 9: Одна из наиболее проработанных версий.

Разрабатываемый хронаксиметр состоит из задающего напряжение и продолжительность импульсов воздействия блоков, в простейшем случае эмулируемых с помощью ЦАП звуковой карты, и регистрирующей части. Так как первые две позиции являются стандартизированными и могут быть заимствованы из других устройств, мы сосредоточимся только на измерительной части, являющейся оригинальной. Кроме вольтметра с блоком децимации, в корпусе аппарата вмонтирован спидометр или тахометр (об/мин) с соответствующими блоками преобразования и децимации (последние, как и в случае вольтметра, необходимы вследствие неоптимальности шкал измерительных головок), а также измерительная головка-волномер с индикацией mm^{-1}, предназначенная для измерения «волнового числа» (миллиметр в минус первой есть волновое число, при котором на отрезке в один миллиметр укладывается одно колебание). Для анализа в режиме децимации сигнала (при переходе в другой декадный диапазон – 0.1, 1, 10, 100, если в данном техническом решении это применимо и имеет смысл) существует клавиша [⟷] для регистровой калибровки. По причине этой прибор может работать в нескольких диапазонах. В случае нажатия этой кнопки и кнопки [%] осуществляется калибровка относительно величины некоторого опорного сигнала, показания которого также возможно индицировать. Для анализа по «волатильности», то есть изменчивости «цены» значения, применен стандартный для систем эконометрической калькуляции показатель – корень из времени (в данном случае – хронаксии, рефрактерности). Так как прибор построен на цифро-аналоговой базе, достаточно насыщенная обработка не вызывает торможения и «стопорения» процесса, а следовательно – артефактов по типу сдвига во времени. Для получения показаний в режиме «корень из времени» необходимо при нажатой клавише [⟷] нажать клавишу [$\sqrt{\ }$]. В целях переключения между частотным режимом, режимом волновых чисел и временным режимом используются тумблеры на задней панели. При увеличении количества измерительных блоков и головок количество тумблеров может быть увеличено.

При использовании любого из режимов возможно измерение значений относительно друг друга в процентах, что осуществляется при нажатии кнопки [%] и в режиме перехода, для чего используется клавиша [$1/x$]. Последнее удобно, в частности при подсчете количества импульсов, а также при анализе «волновых чисел».

Существует, однако, принципиальный недостаток, связанный с таким метрологическим подходом: не всегда ясно, что принимать за эталон. Если с $мм^{-1}$ это очевидно, то в случае иных характеристических длин и времен, с которыми соотносится сигнал, получить и индицировать их на головке x1000 $мм^{-1}$ даже в мультиитеративной децимации невозможно. Принципиально удобно использовать тахометр (обороты в минуту; с децимацией x10, x100, x1000), причем за соотносимый оборот принимать нормальную длину (стандарт) соответствующего биологического цикла. В таком случае время (оборотную частоту, волновое число) следует регулировать с помощью регулятора типа используемого в микшерных устройствах для регуляции параметрики акустического сигнала – движковых или ползунковых переменных резисторах, позволяющих плавно менять параметры сигнала. Такой прибор может быть многоканален как микшер, но при этом между каналами в целях переключения лучше использовать кнопочный интерфейс.

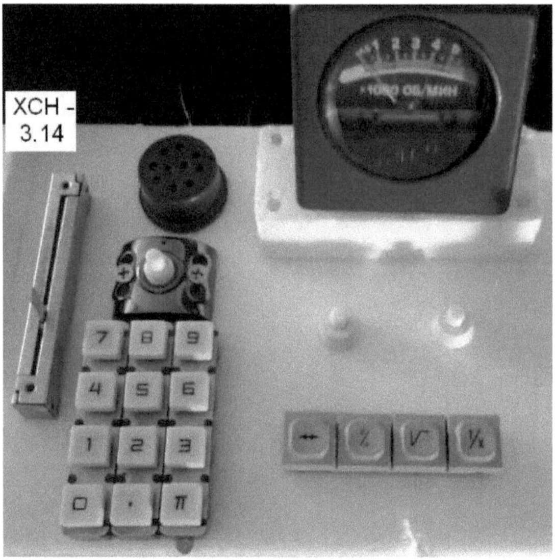

Илл. 10: Хронаксиметр спидометрический π – настраиваемый (ХСН – 3.14). Фрагмент конструкции блока управления.

Для этого в одной из ранних версий прибора (см. илл. 10) был внедрен девятипозиционный кнопочный интерфейс, многовходовый разъём на передней панели, выносной ползунковый переменный резистор. Особенностью для данной конструкции являлось следующее: вынесенный на переднюю панель тахометр связали с модулем эмуляции оборотов разной продолжительности, следовательно разной частоты; при этом, на переднюю панель вынесена клавиша $\boxed{\pi}$, предназначенная для ввода в режим.

Также, с целью установки нуля функционализирована клавиша [0]. Установка нуля производится тем же ползунковым переменным резистором, но для фиксации выбранного значения нажимается кнопка [•] на той же клавиатуре. Аналогичная процедура может быть проделана посредством клавиш стандартной для ранее описанной конструкции панели: [⟷], [%], [$1/x$]. При вводе цифр с клавиатуры при нажатой клавише [π] можно обеспечить калибровку пересчета пульса в цикле по введенному с клавиатуры значению (схемы устройства ХСН, как указывалось, аналого-цифровые). При нажатой клавише [π] и переключении [⟷] срабатывает переход «обороты – радианы – градусы – грады», что сказывается на подающихся на ЭВМ сигналах, но не на их отображении на аналоговых головках. К сожалению, в данном драфте возможность контроля с использованием внешнего индикатора не предусмотрена, поэтому приходится делегировать её ПК с ос DOS, для которой есть хорошо адаптируемая (-ованная) программа для сбора данных. Однако, в принципе, эта процедура реализуема и с аналоговой индикацией при использовании соответствующих головок.

Для ввода данных в память ЭВМ предусмотрено два пути – «аналоговый» и «цифровой». В первом случае сигнал передается через TRS на аналого-цифровой преобразователь (каковым может быть даже откалиброванная звуковая карта) в том виде, в котором он идет с оконечного звена измерительно-индицирующей цепи. Во втором случае сигнал подается на встроенный в корпус прибора АЦП (в минимальном случае – звуковую карту, подключающуюся к ПК через универсальную серийную шину, USB). Однако такой режим хорошо работает только в случае непосредственного съёма одиночного сигнала или двух (звуковая карта при стереофонической записи). При необходимости описанного выше управления процессом и переключением рода работы с клавиатуры ЭВМ надо использовать сложное периферийное устройство сопряжения (работа над которым ведется в настоящее время, но заторможена из-за недостатка деталей или средств на их закупку) либо использовать программное обеспечение, позволяющие измерять с звуковой карты параметры с использованием пересчета. В последнем случае мы использовали ПО «МультиМетр» ныне покойного О.Л. Записных, но возможно использовать его же утилиту «ТехноГраф». При работе с MATLAB + SIMULINK возможно использовать реализующую подобные функции систему с собственным графическим интерфейсом пользователя.

Для сбора данных с нескольких источников индицирования разработана система (Graphic User Interface of Device – GUID) под АЦП «ZETLAB-210» в среде ZETVIEW, а также система сбора данных под LABVIEW с использованием многоканальных внешних звуковых карт, хотя применимость таковых в данном случае находится под вопросом только по финансовым критериям. В случае использования опросной системы можно осуществлять пересчет во все единицы сразу. Исходно были попытки использовать преобразователи «параметр – напряжение» и «параметр-частота», но они не прошли по себестоимости, равно как и попытки передачи сигнала на канал с использованием различных переменных (например, один биологически-релевантный фактор конвертируется в частоту, другой в напряжение, а их корреляция индицируется как спектр при сборе через АЦП на ЭВМ и использовании соответствующего программного обеспечения), в случае использования которых можно было бы подавать на один канал большее разнообразие и номенклатуру переменных, шифруя их через модуляцию или манипуляцию в соответствии переменных и дешифруя с использованием виртуальных приборов (анализаторов разности фаз или АФЧХ в случае фазовой модуляции, анализаторов спектра в случае частотной модуляции; измерителей модуляции, девиации, нелинейных / гармонических искажений, шума и анализаторов сигнала разных типов и т.д.). Впрочем, в большинстве подобных задач с многими зашифрованными в сигнале переменными необходимо создание специальных декодеров и конвертеров, что весьма дорого и не входит в нашу задачу. Некоторое время мы небезуспешно решали эту проблему на основе GUI под MATLAB, писавшихся одним нашим студентом, сейчас уехавшим в США; на данный момент эти работы, которые могли привести к разработке хронаксиметрии реального времени на базе MATLAB + SIMULINK (REAL TIME) свернуты. Две последние работы в этом направлении, содержавшие данную новизну в электрофизиологическом приложении, изданы в 2014 году в неполном авторском коллективе [97,98]

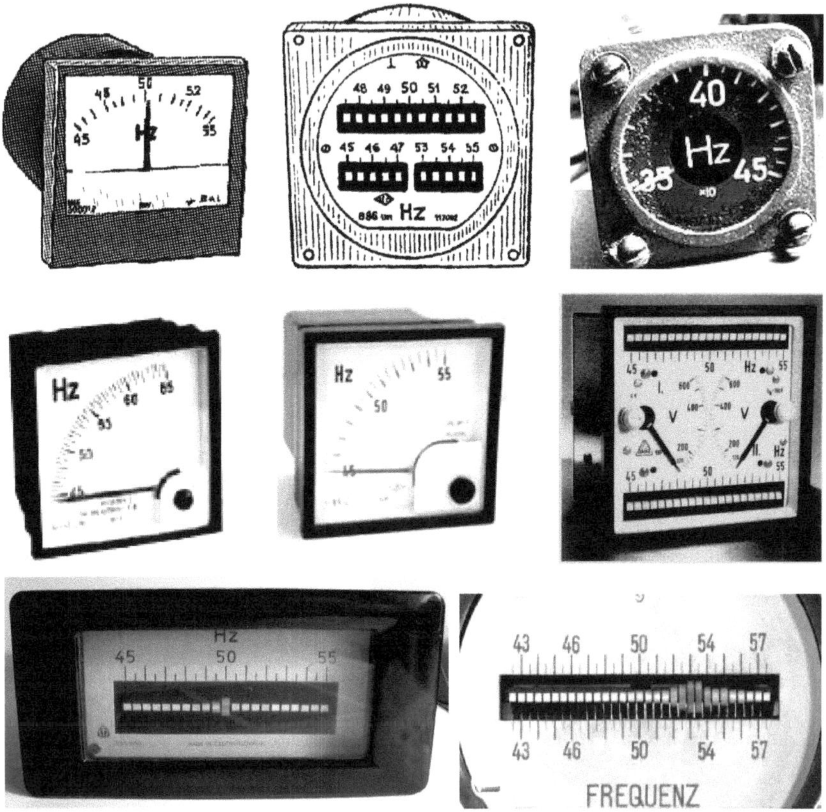

Илл. 11: Ограниченность частотных диапазонов герцметрических головок и стендовых язычковых частотомеров.

В настоящее время идет речь о кардинально новой микропроцессорной базе для описанного устройства – с пересадкой на платформу «Arduino» или её аналог с исполнением в форме моноблока. В настоящее время инерционность отклика измерительных головок не позволяет индицировать изменения достаточно точно по времени и быстро переключать режимы. Кроме того, при миллисекундных или микросекундных измеряемых величинах и точностях их измерения, наблюдать за этими изменениями глазом невозможно. Кроме того: что касается выбора головок для герцметров – за исключением цифровых широкодиапазонных головок, а, по сути, миниатюрных электронных частотомеров, большая часть герцметрических и язычковых частотомеров предназначена для узкого диапазона частот и параметров промышленного тока (см. илл. 11). Поэтому следует искать альтернативный тип индицирующих головок. Для герцметрического тахометрического хронаксиметра, очевидно, подходят цифровые измерительные головки – частотомеры-тахометры, подобные выпускаемым в Киеве на НПО ВЭЛ частотомерам-тахометрам ИЦ406 и щитовые частотомеры типа ЦЧ0205-3 уманского завода «Мегомметр» (илл. 12 а, б), которые с помощью интерфейса RS-485 могут быть коммутированы к ЭВМ. Их частотные диапазоны более варьируемы и оптимальны, чем у головок, показанных на илл. 11.

а б

Илл. 12: а – частотомер-тахометр ИЦ406; б – частотомер с RS-485 ЦЧ0205-3.

Текущее состояние и перспективы варьирования конструкции.

В настоящее время наш прибор более адаптирован для анализа замедленной трансляции регистрации из магнитографической записи или памяти ЭВМ, чем для анализа в реальном времени. Предусмотрена возможность подключения к другим электрофизиологическим приборам через TRS, DIN или BNC разъемы. Готовится переход на оптронную систему, передающую оцифровываемый сигнал на ЭВМ в форме, наиболее удобной для систематизации – не аналоговой, а декодируемой по принципам анализа огибающей (ADSR) символьной / командной (по принципам протокола MIDI). Этот подход в настоящей работе не рассматривается, являясь особым предметом биомедицинской инженерии. Вполне очевидно, что параметры электрических импульсов, применяемых для электрофизиологической стимуляции (например, двигательного аппарата – см. илл. 13), также могут быть описаны через огибающие ADSR, что может быть использовано в хронаксиметрическом выборе режимов стимуляции. Для этого следует снабдить подобный прибор командными каналами двух типов – MIDI-IN и MIDI-OUT, осуществляя синхронизированные регистрацию режимов и электрофизиологическое воздействие. Это интересно, в частности, тем, что при таком подходе возможно использовать не только простые ADSR-огибающие и аппроксимации импульсов (прямоугольные, синусоидальные, треугольные, пилообразные, трапециевидные, экспоненциальные и т.д.), но и при необходимости использовать импульсы, соответствующие собственной ритмике и форме сигналов биологических источников – такие, например, как формы сигнала, моделирующие импульсы, возникающие в перехватах Ранвье (см. илл. 13).

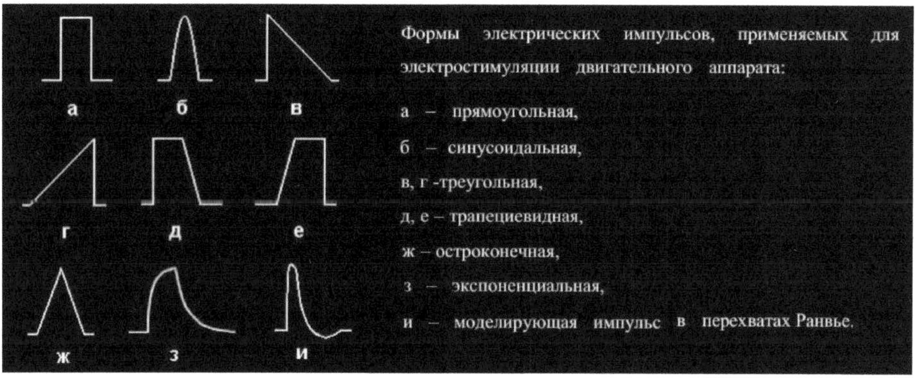

Илл. 13 Формы импульсов стимуляции двигательного аппарата (приводится по: Николаев А.А. "Основные характеристики электростимулирующих импульсов").

Отметим, что использование такого подхода по сенсорным характеристикам намного прогрессивнее стандартных методов хронаксиметрической регистрации, так как опирается на изоморфизм сигналов, а не на болевые ощущения субъекта. Так, анальгезиметрия на распространенном хронаксиметрическом приборе ИСЭ-01, проводимая перед операцией, использует доведение параметрики сигналов до чувствуемого самим пациентом болевого порога, причем при переходе с режима постоянного тока на режим генерации импульсов прибор автоматически удваивает реобазу по отношению к величине исходного постоянного тока. В рассмотренном нами предлагаемом ADSR-подходе с использованием биомиметических сигналов и опосредованной ЭВМ обратной связью можно обойтись без этого критерия. Так как преобразование величин происходит на стадии цифровой обработки сигнала, перевод в привычные единицы (при хронаксиметрии электровозбудимость мышц и нервов можно выразить в сигмах – 1/1000 сек.) осуществляется также не блоком, а утилитой пост-процессинга или элементарной программой с интерфейсом GUI от машины реального времени при использовании MATLAB + SIMULINK REAL-TIME [97,98].

Интерфейс программного обеспечения нужно строить, исходя из нескольких задач – необходимости определения моторной хронаксии, сенсорной хронаксии и удвоенной реобазы, а также значений минимального сокращения. Хронаксиметры аналогового типа (ИСЭ-01 etc.) удваивают реобазу по отношению к величине тока в начальный момент – эту возможность несложно предусмотреть при разработке на «Arduino» и аналогах. Не является затруднительным воспроизведение частот (диапазона) стандартных хронаксиметров – от 0.2-0.5 Гц до десятков и сотен герц. В остальном же широта возможностей пересчета предлагаемой конструкции имеет ряд преимуществ перед некоторыми последними моделями хронаксиметров типа распространенной до конца 80-х гг., но сейчас редкой (раритетной) конструкции «TECA» CH-3, показанной на илл. 14, выполнявшей в большей степени роль задатчика импульсов, чем собственно хронаксиметра как измерительного прибора.

БЛАГОДАРНОСТИ

Авторы приносят благодарность нашим украинским коллегам, без которых в настоящее время создание данной разработки и статьи не было бы осуществимо. В настоящее время авторы не могут быть уверены в продолжении настоящей работы без их прервавшейся по политическим причинам поддержки.

Авторы благодарят сотрудников ОМСИ ГЕОХИ РАН за выделение деталей и документации от старых измерительных приборов, что позволило нам, опираясь на обеспеченный ими и радиоэлектронной базой ИНЭПХФ РАН, минимизировать колоссальные затраты, которые требуются при разработке любого нового прибора.

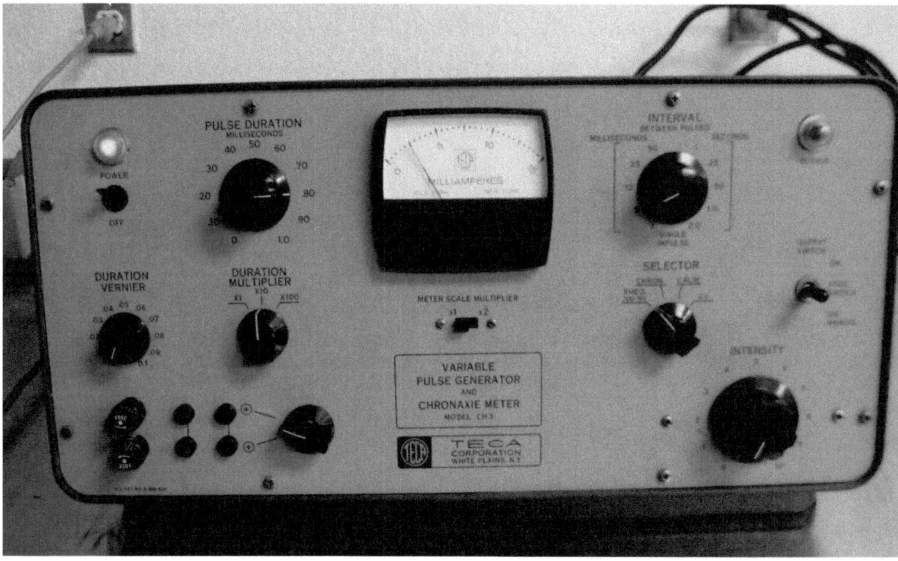

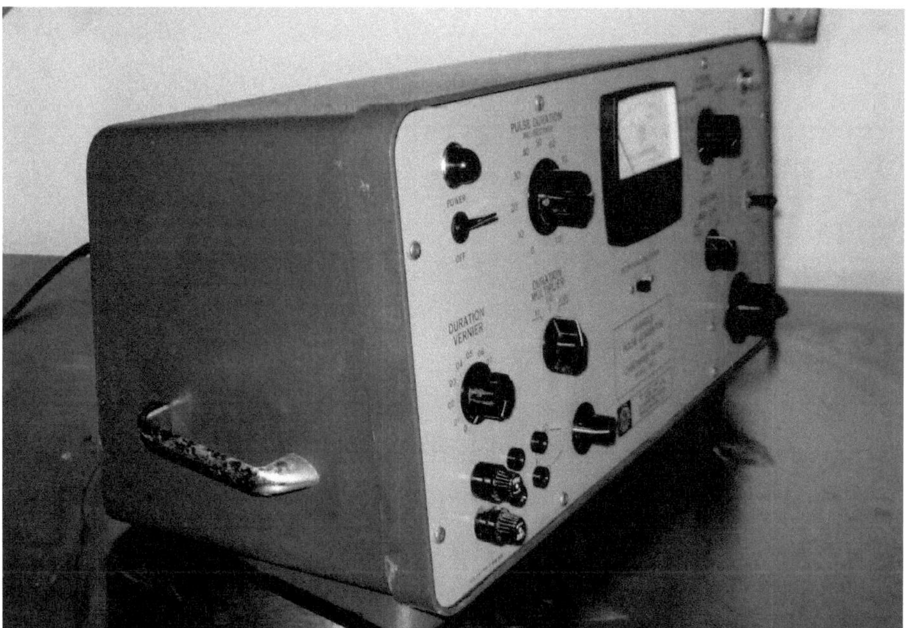

Илл. 14: Измеритель хронаксии (chronaxie meter) и электростимулятор (variable pulse generator) TECA CH3.

ЛИТЕРАТУРА

1. Lapicque L. The chronaxic switching in the nervous system // Science – 1929 –Vol. 70, No. 1807 – pp. 151-154.
2. Справочная хрестоматия для студентов – исполнителей спецпрактикума при ИНЭПХФ РАН // М.: д.с.п., ротапринт – 2013 – 130 с.
3. Kohler D., Lapicque L.E. L'excitabilité et le mouvement chez les plantes et les protozoaires // Paris: Libr. classique R. Guillon – 1931 – 80 p.
4. Lapicque L.E. L'Iritabilité protoplasmique et le système nerveaux // Paris: Libr. Guillon – 1930 – 62 p.
5. Lapicque L. Definition experimentale de l'excitabilite // Comt. Rend. Acad. Sci. – 1909 – V. 67 – pp. 280–283.
6. Lapique L.E. L'excitabilité en fonction du temps: la chronaxie, sa signification et sa mesure // Paris: Les Presses universitaires de France (Presse Univ. de France), 371 p., 1926.
7. Lapicque L.E. La machine nerveuse // Paris: Flammarion – 1943 – 251 p.
8. Lapicque L.E. Aiguillage de l'influx dans les centres nerveux // Alençon: Impr. alençonnaise - Maison Poulet-Malassis – 1947 – 23 p.
9. Lapicque L. On electric stimulation of muscle through ringer's solution // Journ. Physiol. – 1931 – Vol. 73, Issue 3 – pp. 219-246.
10. Lapicque L. Retrograde polarization, a theory of systematic errors in measurements of muscular chronaxie through ringer's fluid or with large electrodes // Journ. Physiol. – Vol. 76, Issue 2 – pp. 261-281.
11. Lapicque L. Neuro-muscular isochronism and chronological theory of curarization // Journ. Physiol. – 1934 – Vol. 81, Issue 1 – pp. 113-145.

12. Lapicque L. L'isochronisme neuromusculaire et l'excitabilité rythmogène // Paris: Hermann – 1947 – 158 p.

13. Monnier A.M., Lapicque L.E. L'excitation électrique des tissus: essai d'interprétation physique // Paris: Hermann & Cie – 1934 – 326 p.

14. Lapicque L. Has the muscular substance a longer chronaxie than the nervous substance? // Journ. Physiol. – 1931 – Vol. 73, Issue 2 – pp. 189-214.

15. Lapicque L. Alpha and gamma curves in slow muscles // Journ. Physiol. – 1933 – Vol. 78, Issue 4 – pp. 381-403.

16. Lapicque L., Lapicque M. Die Erregbarkeit der „tonischen" und „nichttonischen" Fasern eines Muskels; ihr Isochronismus im physiologischen Zustande untereinander und mit dem motorischen Nerven // Pflüger's Archiv für die gesamte Physiologie des Menschen und der Tiere – 1932 – Vol. 230, Issue 1, pp. 381-393.

17. Chauchard P., Lapicque L.E. Les Facteurs de la transmission ganglionnaire : Première partie. Les Conceptions actuelles. Deuxième partie. Recherches chronaximétriques. Troisième partie. Interprétations physiologiques et pharmacologiques. // Paris: Hermann – 1939 – 287 p.

18. Drabovitch W., Lapicque L.E. Les Réflexes conditionnés et la psychologie moderne // Paris: Impr. Jouve, Hermann – 1937 – 68 p.

19. Bonnardel R., Lapicque L.E. L'Adaptation de l'homme à son métier : Étude de psychologie sociale et industrielle // Paris: Pr. Universit..– 1943 – 204 p.

20. Lapique L.E. La chronaxie et ses applications physiologiques // Vol. 1, 2, Hermann & Cie, 1938.

21. Mann L., Bloch M. Untersuchungen mit dem Boruttau'schen rotierenden Chronaximeter // Deutsche Zeitschrift für Nervenheilkunde – 1925 – Vol. 87, Iss. 1-3 – pp 69-78.

22. Florkin M. Action of changes in concentration of Ringers solution of chronaxie of smooth muscle // Arch. Internat. De Physiol. – 1928 – pp. 81-87.

23. Newman H.W. Chronaxia: Its Theory and Application to Clinical Neurology-with Presentation of a Portable Chronaximeter // Cal. West Med. – 1935 – Vol. 42, Issue 3 – pp. 154-157.

24. Макаров П.О. Описание аппарата для определения кожной чувствительности человека // Авт. Свид. № 42255 от 31 мая 1934 г. (спр. о перв. № 148492).

25. Blumenfeldt E., Wollheim E. Zur Klinischen Beurteilung Angeborener Herzfehler // Klinische Wochenschrift – 1927 – Vol. 6, Issue 9 – pp. 396-399.

26. Blumenfeldt E. Ein Vereinfachter Pendelzeitreizmessapparat für Nerven- und Muskelprüfungen in der Klinik // Klinische Wochenschrift – 1927 – Vol. 6, Issue 12 – pp. 573-574.

27. Blumenfeldt E., Köhler H. Vergleichende Studien über Erregbarkeitsmessungen nach Lapicque und Noyons am Nerv und Muskel // Pflüger's Archiv für die gesamte Physiologie des Menschen und der Tiere – 1927 – Vol. 216, Issue 1 – l pp. 662-668.

28. Blumenfeldt E. Die Chronaxie und Ihre Bedeutung für die Elektrodiagnostik // Klinische Wochenschrift – 1928 – Vol. 7, Issue 3 – pp. 97-100.

29. Эскин В.Я. Ламповый хронаксиметр // Массовая радиобиблиотека. Вып. 167 (Радиотехническая аппаратура в народном хозяйстве). [стр. 22-30], Москва-Ленинград, Госэнергоиздат, 1953. — 91 с.

30. Borisova U.K.. Experimental Determination of the Limit of Allowable Concentration of Dichlorethane in Atmospheric Air (Trans. from: Гигиена и Санитария, Т. 22, Вып. 3, сс. 13-19 [1957]) // U.S.S.R. Literature on Air Pollution and Related Occupational Diseases – 1960 – Vol. 3 – pp. 110-118.

31. Melekhina V.P. Maximum Permissible Concentration of Formaldehyde in Atmospheric Air. (Trans. from: Гигиена и Санитария, Т. 23, Вып. 8, сс. 10-14 [1958]) // U.S.S.R. Literature on Air Pollution and Related Occupational Diseases – 1960 – Vol. 3 – pp. 110-118.
32. The Mount Sinai Hospital, 91st report, 1942-1943 (1944)
33. Dontsova Z.O. Investigation of the physiological changes in the gray matter of the frog's spinal cord during exclusion of the afferent impulses from the receptors of the aorta // Bulletin of Experimental Biology and Medicine – 1963 – Vol. 54, Issue 3 – pp. 947-950.
34. Meshman V.F. Some physiological characteristics of the effect of lysergic acid diethylamide on the sensorimotor area of the cerebral cortex // Bulletin of Experimental Biology and Medicine – 1966 – Vol. 62, Issue 5 – pp. 1269-1272.
35. Gromakovskaya M. M. Effect of tetanus and botulinus toxins on the chronaxy of immune and non-immune rabbits // Bulletin of Experimental Biology and Medicine – 1957 – Vol. 43, Issue 1 – pp. 44-48.
36. Starikov A. S. Functional state of segmental motoneurons in Wilson-Konovalov hepatocerebral dystrophy // Neuroscience and Behavioral Physiology – 1997 – Vol. 27, Issue 6 – pp. 648-652.
37. Boruttau H. Die Theorie der Nervenleitung // Archiv für die gesamte Physiologie des Menschen und der Tiere – 1899 – Vol. 76, Issue 11-12 – pp. 626-633.
38. Boruttau H. Die Actionsströme und die Theorie der Nervenleitung // Archiv für die gesamte Physiologie des Menschen und der Tiere – 1900 – Vol. 81, Iss. 6-7 – pp. 360-368.
39. Boruttau H. Neue Untersuchungen über die am Nerven unter der Wirkung erregender Einflüsse auftretenden elektrischen Erscheinungen // Archiv für die gesamte Physiologie des Menschen und der Tiere – 1894 – Vol. 58, Issue 1-2 – pp. 1-68.

40. Boruttau H. Fortgesetzte Untersuchungen über die elektrischen Erscheinungen am thätigen Nerven // Archiv für die gesamte Physiologie des Menschen und der Tiere – 1894 – Vol. 59, Iss.1-2 – pp. 47-60.

41. Boruttau H. Weiter fortgesetzte Untersuchungen über die elektrischen Erscheinungen am thätigen Nerven // Archiv für die gesamte Physiologie des Menschen und der Tiere – 1896 – Vol. 63, Iss. 3-4 – pp. 145-158.

42. Boruttau H. Zur Geschichte und Kritik der neueren bioelektrischen Theorien // Archiv für die gesamte Physiologie des Menschen und der Tiere – 1904 – Vol. 105, Iss. 9-10 – pp. 427-443.

43. Hermann L. Versuche mit dem Fall-Rheotom über die Erregungsschwankung des Muskels // Archiv für die gesamte Physiologie des Menschen und der Tiere – 1877 – Vol. 15, Issue 1 – pp. 233-245.

44. Hermann L. Notiz über eine Verbesserung am repetirenden Rheotom // Archiv für die gesamte Physiologie des Menschen und der Tiere – 1882 – Vol. 27, Issue 1 – pp. 289-290.

45. Bernstein J. Ueber den zeitlichen Verlauf der negativen Schwankung des Nervenstroms // Archiv für die gesamte Physiologie des Menschen und der Tiere – 1868 – Vol. 1, Issue 1 – pp. 173-207.

46. Boruttau H. Graphische Rheotomversuche am Nerven, Kernleiter und Muskel // Archiv für die gesamte Physiologie des Menschen und der Tiere – 1869 – Vol. 63, Iss. 3-4 – pp. 158-170.

47. Einthoven W. Un nouveau galvanometer // Archives néerlandaises des sciences exactes et naturelles – 1901 – No. 6. – pp. 625-633.

48. Boehm R. Curare und Curarealkaloide // Handbuch der Experimentellen Pharmakologie – 1920 – Vol. 2/1 – pp. 179-248.

49. Field H., Brücke E.T. Erregbarkeit und Chronaxie des Herzens während der Vaguswirkung // Pflüger's Archiv für die gesamte

Physiologie des Menschen und der Tiere – 1926 – Vol. 213, Issue 1 – pp. 715-722.

50. Hou C.L., Brücke E.T. Über die Abhängigkeit der Reizwirkung eines Herznerven von der tonischen Erregung der übrigen Herznerven // Pflüger's Archiv für die gesamte Physiologie des Menschen und der Tiere – 1931 – Vol. 227, Issue 1 – pp. 251-265.

51. Quincke H., Stein J. Über die Erregbarkeit des Cionaherzens // Pflüger's Archiv für die gesamte Physiologie des Menschen und der Tiere – 1932 – Vol. 230, Issue 1 – pp. 344-348.

52. Werz R. Die Bedeutung des Zeitfaktors für die Erregungsvorgänge im Herzen // Naunyn-Schmiedebergs Archiv für experimentelle Pathologie und Pharmakologie – 1933 – Vol. 169, Issue 1 – pp. 70-96.

53. Wyss O.A.M. Selektive Reizung der herzhemmenden und herzfördernden Komponente im Vagosympathicus des Frosches // Pflüger's Archiv für die gesamte Physiologie des Menschen und der Tiere – 1934 – Vol. 234, Issue 1 – pp. 574-588.

54. Rashevsky N. Outline of a physico-mathematical theory of excitation and inhibition // Protoplasma – 1933 – Vol. 20, Issue 1 – pp. 42-56.

55. Boruttau H. Der Elektrotonus und die phasischen Aktionsströme am marklosen Cephalopodennerven // Archiv für die gesamte Physiologie des Menschen und der Tiere – 1897 – Vol. 66, Iss. 5-6 – pp. 285-307.

56. Boruttau H. Über eine verbesserte elektrodiagnostische Methodik (Rotierendes Chronaximeter) // Zeitschrift für die gesamte Neurologie und Psychiatrie – 1923 – Vol. 83, Issue 1 – pp. 284-290.

57. Grund G. Über die klinische Brauchbarkeit des rotierenden Chronaximeters nach Boruttau Zugleich vorläufige Mittelung neuer Beobachtungen am entarteten Muskel // Deutsche Zeitschrift für Nervenheilkunde – 1925 – Vol. 85, Iss. 3-4 – pp. 156-167.

58. Grund G. Zur Elektro-Physiologie und Pathologie der tetanischen Muskelkontraktion // In: Verhandlungen der Deutschen Gesellschaft für Innere Medizin (Siebenunddreissigster Kongress) – 1925 – pp. 364-368.
59. Boruttau H., Fröhlich F.W. Elektropathologische Untersuchungen. Erste Abhandlung. Über die Verhänderungen der Erregungswelle durch Schädigung des Nerven // Archiv für die gesamte Physiologie des Menschen und der Tiere – 1904 – Vol. 105, Iss. 9-10 – pp. 444-479.
60. Boruttau H. Elektropathologische Untersuchungen. II. Zur Elektropathologie der marklosen Kephalopodennerven // Archiv für die gesamte Physiologie des Menschen und der Tiere – 1905 – Vol. 107, Iss. 5-6 – pp. 193-206.
61. Boruttau H. Elektropathologische Untersuchungen. Die Elektropathologie des Warmblüternerven, sowie die Verändergungen der elektrishen Eigenschaften der Nerven überhaupt beim Absterben und Degenerieren // Archiv für die gesamte Physiologie des Menschen und der Tiere – 1906 – Vol. 115, Iss. 5-6 – pp. 287-315.
62. Scheminzky F. Einige Bemerkungen über die Unterbrecher zur Herstellung Leducscher Mäanderströme // Klinische Wochenschrift – 1926 – Vol. 5, Issue 19 – pp. 839-841.
63. Hoorweg J.L. Ueber die elektrische Nervenerregung // Archiv für die gesamte Physiologie des Menschen und der Tiere – 1892 – Vol. 52, Iss. 3-4 – pp. 87-108.
64. Hoorweg J.L. Ueber die Nervenerregung durch Condensatorentladungen // Archiv für die gesamte Physiologie des Menschen und der Tiere – 1894 – Vol. 57, Iss. 10-11 – pp. 427-436.
65. Hoorweg J. L. Ueber die elektrischen Eigenschaften der Nerven // Archiv für die gesamte Physiologie des Menschen und der Tiere – 1898 – Vol. 71, Iss. 3-4 – pp. 128-157.

66. Hoorweg J.L. Ueber die Erregung der Nerven // Archiv für die gesamte Physiologie des Menschen und der Tiere – 1900 – Vol. 82, Iss. 7-8 – pp. 399-408.
67. Hoorweg J.L. Ueber die Erregung der Nerven // Archiv für die gesamte Physiologie des Menschen und der Tiere – 1901 – Vol. 85, Iss. 1-3 – pp. 106-118.
68. Hoorweg J.L. Ueber Nervenerregung durch frequente Wechselströme // Archiv für die gesamte Physiologie des Menschen und der Tiere – 1900 – Vol. 83, Iss. 1-2 – pp. 89-98.
69. Hoorweg J.L. Ueber die Erregung der Nerven durch frequente Wechselströme // Archiv für die gesamte Physiologie des Menschen und der Tiere – 1902 – Vol. 91, Iss. 3-4 – pp. 208-216.
70. Hoorweg J.L. Ueber die elektrische Erregung der Nerven und der Muskeln // Archiv für die gesamte Physiologie des Menschen und der Tiere – 1906 – Vol. 114, Iss. 3-4 – pp. 216-230.
71. Hoorweg J.L. Ueber die elektrische Erregung des Muskels // Archiv für die gesamte Physiologie des Menschen und der Tiere – 1904 – Vol. 103, Iss. 3-4 – pp. 113-123.
72. Weiss O. Untersuchungen über die „Erregbarkeit“ eines Nerven an verschiedenen Stellen seines Verlaufes // Archiv für die gesamte Physiologie des Menschen und der Tiere – 1898 – Vol. 72, Iss. 1-2 – pp. 15-50.
73. Weiss O., Hermann L. Ueber die Entwicklung des Elektrotonus // Archiv für die gesamte Physiologie des Menschen und der Tiere – 1898 – Vol. 71, Iss. 5-6 – pp. 237-295.
74. Weiss O., Harris J. Die Zerstörung des Adrenalins im lebenden Tier // Archiv für die gesamte Physiologie des Menschen und der Tiere – 1904 – Vol. 103, Iss. 9-10 – pp. 510-514.
75. Weiss O. Über die Ursache des Axialstromes am Nerven // Archiv für die gesamte Physiologie des Menschen und der Tiere – 1905 – Vol. 108, Iss. 8-9 – pp. 416-425.

76. Weiss O. Die Kurven der geflüsterten und leise gesungenen Vokale und der Konsonanten Sch und Ss // Pflüger's Archiv für die gesamte Physiologie des Menschen und der Tiere – 1911 – Vol. 142, Iss. 9-12 – pp. 567-577.

77. Abbott L.F. Lapicque's introduction of the integrate-and-fire model neuron (1907) // Brain Res. Bull. – 1999 - Vol. 50, Iss. 5-6 – pp. 303-304.

78. Brunel N., van Rossum M.C. Lapicque's 1907 paper: from frogs to integrate-and-fire // Biol. Cybern. – 2007 – Vol. 97, Iss. 5-6 – pp. 337-339.

79. Mouchawar G.A., Geddes L.A., Bourland J.D., Pearce J.A. Ability of the Lapicque and Blair strength-duration curves to fit experimentally obtained data from the dog heart // IEEE Trans. Biomed. Eng. – 1989 – Vol. 36, Issue 9 – pp. 971-974.

80. Ayers G.M., Aronson S.W., Geddes L.A. Comparison of the ability of the Lapicque and exponential strength-duration curves to fit experimentally obtained perception threshold data // Austr. Phys. Eng. Sci. Med. – 1986 – Vol. 9, Issue 3 – pp. 111-116.

81. Verkhratsky A., Parpura V. History of Electrophysiology and the Patch Clamp // Methods in Molecular Biology – 2014 – Vol. 1183 – pp. 1-19.

82. Hugershoff F. Illustrierte Preisliste III über Biologische Apparate – 1911 – p. 183, fig. b1936.

83. Zimmermann E. Psychologische und Physiologische Apparate – 1928 – Lis. 50, p. 275, fig. 3550.

84. McKendrick J. Lett. No. #748 – Publikationen aus dem archiv der universität Graz, Band 42 [Q. zur Geschichtlichen Landeskunde der Steiermark, Band XXV], p. 434.

85. Heidenhain R. Historisches und Experimentelles über Muskeltonus // Arch. für Anatomie, Physiologie und Wissenschaftliche Medicin – 1956 – pp. 200-229.

86. Heidenhain R. Beitrag zur Anatomie der Peyer'schen Drüsen // Arch. für Anatomie, Physiologie und Wissenschaftliche Medicin – 1859 – pp. 460-480.

87. Heidenhain R. Physiologische Studien // Berlin: Verlaf für August Hirschwald – 1856 – 143 (149) p.

88. Pavlov I.P. The work of the digestive glands // London: Charles Griffin & Co.| Philadelphia: J.B. Lippincott Co. – 1910 – 266 p.

89. Агаджанян Н.А., Телль Л.З., Циркин В.И. Чеснокова С.А. Физиология человека // М., Медицинская книга – 2009 – 526 с.

90. Якименко Е.А., Ефременкова Л.Н., Клочко В.В. Влияние комплексного лечения с включением криомагнитотерапии, диадинамотерапии и физических тренировок на качество жизни, инсулинорезистентность и гуморальный иммунитет у больных остеоартрозом на фоне метаболического синдрома // Медицинская реабилитация, курортология, физиотерапия – 2011, № 4 – сс. 18-20.

91. Ефременкова Л.Н. Влияние комплексного лечения с включением криомагнитотерапии, диадинамотерапии и физических тренировок на течение остеоартроза при метаболическом синдроме // Медицинская реабилитация, курортология, физиотерапия – 2014, № 2 - сс. 16-19.

92. Sukonkina E.A., Tsikhon V.N., Kirichenko V.G. "Tonus-1" apparatus for treatment with diadynamic currents // Biomedical Engineering – 1973 – Vol. 7, Issue 5 – pp. 323-326.

93. Sukonkina E.A. The "Tonus-1" apparatus for diadynamic current therapy // Biomedical Engineering – 1976 – Vol. 10, Issue 6 – pp. 368-369.

94. Sukonkina E.A., Livenson A.R., Ogurtsov Y.N., Dotsinski I., Petrova M., Netsov A. Tonus-2 portable apparatus for diadynamic current therapy // Biomedical Engineering – 1978 – Vol. 12, Issue 2 – pp. 114-117.

95. Ylipaavalniemi P, Perkki K, Taube S, Oikarinen VJ. The effect of immediate combined cold, ultrasound and diadynamic current therapy on swelling after wisdom tooth removal // Proc. Finn. Dent. Soc. – 1984 – Vol. 80, Issue 2 – pp. 55-57.

96. Tabarka K, Buzek B. Diadynamic currents in the therapy of sexual dysfunctions // Acta Univ. Palac. Olom. Fac. Med. – 1986 – No. 114 – pp. 369-374.

97. Alexandrov P.L., Gradov O.V. Conventional Patch-Clamp Techniques For Multi-channel Lab-On-A-Chip Signal Registration Using Real Time Target Machine Interfaces and in situ Real-Time Digital Signal Processing and Modeling // In: *Proc. RGC Biomed.. Engineering*, Sec.: PROCESSING AND ANALYSIS OF BIOMEDICAL SIGNALS AND DATA; 2014, DOI: 10.13140/2.1.4025.1528, 4 p.

98. Александров П. Л., Градов О. В. Конвенционные патчкламп-автоматы с обратной связью для многофакторных лабораторий на чипе с использованием интерфейсов вычисительных машин реального времени. Биотехносфера, 33(3), сс. 13-16 (2014).